Christian Mieke
Michael Nagel

# Innovationsmanagement

Christian Mieke
Michael Nagel

# INNOVATIONS-MANAGEMENT

## Die wichtigsten Methoden

2., bearbeitete Auflage

UVK Verlagsgesellschaft mbH
Konstanz und München

**Prof. Dr.-Ing. habil. Christian Mieke** ist Inhaber der Professur ABWL, insbesondere Innovationsmanagement im Fachbereich Wirtschaft der Technischen Hochschule Brandenburg.

**Prof. Dr. phil. Michael Nagel**, MBA, ist Professor in der Fakultät Wirtschaft an der Dualen Hochschule Baden-Württemberg in Stuttgart (DHBW) und Leiter des Studiengangs BWL-International Business.

Bibliografische Information der Deutschen Bibliothek
Die Deutsche Bibliothek verzeichnet diese Publikation in der Deutschen Nationalbibliografie; detaillierte bibliografische Daten sind im Internet über <http://dnb.ddb.de> abrufbar.

ISBN 978-3-86764-751-9 (Print)
ISBN 978-3-7398-0205-3 (EPUB)
ISBN 978-3-7398-0206-0 (EPDF)



Einbandgestaltung: Susanne Fuellhaas, Konstanz
Printed in Germany

UVK Verlagsgesellschaft mbH
Schützenstr. 24 · 78462 Konstanz
Tel. 07531-9053-0 · Fax 07531-9053-98
www.uvk.de

# Vorwort

Innovationen sind in aller Munde. Der Innovationsbegriff löst in der Regel positive Assoziationen aus. Durch Innovationen werden Wettbewerbsfähigkeit, Wachstum und Wertsteigerung von Unternehmen befördert. Allerdings scheitern auch viele Neuerungen, wodurch Unternehmen in strategische und wirtschaftliche Schieflage geraten können. Insofern ist es wichtig, die mit hohen kreativen und intuitiven Anteilen versehenen Innovationsaktivitäten systematisch und zielorientiert zu gestalten. Leistungsfähige Methoden ermöglichen das Aufspüren von Zukunftstrends, die Durchdringung künftiger technologischer Gegebenheiten, die Stimulierung kreativer Problemlösungsprozesse und die Überwachung von Entwicklungsvorhaben.

Die im vorliegenden Band versammelten Methoden bilden einen durch Wissenschaft und Praxis geschaffenen Grundstock an Hilfsmitteln für das Innovationsmanagement. Sie bieten – so hoffen wir – auch betriebswirtschaftlich orientierten Akteuren Zugang zu einem eher ingenieurdominierten Aktionsfeld. Das Buch ist ein handlicher Impulsgeber, um kreative Aktivitäten zu ordnen und auf das Ziel der Erzeugung von wirtschaftlich erfolgreichen Neuprodukten und -prozessen auszurichten. Die Methoden werden jeweils kurz und knapp beschrieben, ihre Zielsetzungen benannt, die Anwendungsmöglichkeiten verdeutlicht und die umsetzungsbezogenen Grenzen aufgezeigt. Die berücksichtigten Ansätze werden dabei nicht als Werkzeuge, Instrumente oder Tools, sondern als *betriebswirtschaftliche Methoden* bezeichnet, da diesen die Idee der

Planmäßigkeit und der Problem- und Ergebnisorientierung zugrunde liegt.

> Im hier verstandenen Sinne stellen betriebswirtschaftliche Methoden theoretisch fundierte und praktisch erprobte Hilfsmittel dar, die zur Lösung eines in der unternehmerischen Praxis auftretenden leistungswirtschaftlichen Problems beitragen.

In diesem Band haben wir die wichtigsten Methoden aus dem entsprechenden Kapitel des Buches *BWL-Methoden: Handbuch für Studium und Praxis* aus dem UTB-Verlag entnommen und im Kapitel F&E-Controlling ergänzt. Das umfangreiche Handbuch bündelt etablierte betriebswirtschaftliche Methoden aus den Bereichen Forschung, Entwicklung, Innovationsmanagement, Beschaffung, Logistik, Produktion, Strategie, Organisation und Kontrolle sowie Marketing und Vertrieb. Der vorliegende, themenspezifische Band wurde nicht erstellt, um Druckerpressen auszulasten, die Publikationslisten der Autoren aufzublähen oder um ein Prüffeld für vermeintliche Eigenplagiate zu schaffen. Vielmehr ist es unser Ziel, Innovationsverantwortlichen und weiteren Interessierten am Themenfeld des Innovationsmanagements eine kostengünstige Möglichkeit des Zugriffs auf bewährte Methoden zu ermöglichen.

Wir hoffen, dass die Ausführungen verständlich und umsetzbar sind, damit der angestrebte Nutzen erzielt werden kann. Wir wünschen allen Leserinnen und Lesern viel Erfolg beim Gebrauch des Buches. Herrn Dr. Jürgen Schechler vom UVK-Verlag danken wir ausdrücklich für seine wohlwollende und professionelle Begleitung unseres Vorhabens.

Brandenburg a.d.H./Stuttgart, im Februar 2017

Christian Mieke & Michael Nagel

# Inhaltsverzeichnis

# 1 Einführung in die Methoden zum Innovationsmanagement

Forschung und Entwicklung oder F&E sowie Technologie- und Innovationsmanagement sind zentrale unternehmerische Aktivitäten. Wettbewerbsvorteile basieren in der Regel auf neuen Leistungsangeboten oder veränderten Abwicklungsvorgängen in Unternehmen. Neue Produkte, Dienstleistungen, Prozesse und Strukturen ergeben sich jedoch nicht von selbst, sondern sie müssen aktiv geschaffen werden. In technologieorientierten Branchen ist sowohl das Erzeugen neuer Ideen und die Ausarbeitung neuartiger technischer Lösungen als auch das Entwickeln verbesserter oder bislang nicht vorhandener Produkte und deren Test Aufgabe von Ingenieuren und Naturwissenschaftlern in den Forschungs- und Entwicklungsabteilungen. Auch diese Bereiche unterliegen der unternehmerischen Planung, Steuerung und Kontrolle und müssen die Forderungen nach Effektivität und Effizienz erfüllen. So sollen Innovationen einen signifikanten Neuerungsgrad aufweisen, Entwicklungszeiten nicht zu lang sein und aufgestellte Budgets eingehalten werden. Aus besagten Gründen kommen auch in diesem ingenieurdominierten Feld betriebswirtschaftliche Planungsansätze und Optimierungsmethoden zum Einsatz.

Die Bereiche Forschung und Entwicklung sowie Technologie- und Innovationsmanagement sind nicht deckungsgleich, überschneiden sich aber in weiten Teilen.[1] Abbildung 1 illustriert, wie die einzelnen Bereiche zueinander stehen. Das Forschungs- und Entwicklungsmanagement als Schnittmenge aus Technologiemanagement und Innovationsmanagement ist auf die Erarbeitung und Erpro-

---

[1] Zu verschiedenen Abgrenzungsansätzen vergleiche Specht, Beckmann & Amelingmeyer (2002, S. 16), Gerpott (2005, S. 56) und Brockhoff (1996, S. 6 f).

bung neuer technologischer Lösungen ausgerichtet,[2] die in neue Produkte oder veränderte Leistungserstellungsprozesse Eingang finden. Das Technologiemanagement umfasst neben der Erzeugung neuartiger Lösungen auch die breitere Verwertung bestehender Technologien. Das Innovationsmanagement organisiert explizit die Schaffung und Durchsetzung von Neuerungen, beschränkt sich dabei allerdings nicht auf technische Artefakte. Es beleuchtet auch organisatorische, kulturelle und soziale Aspekte im Unternehmen. Kernbereiche, die durch eine anspruchsvolle Planung gekennzeichnet sind, dürften für viele Unternehmen die Technologieentwicklung sowie der Entwurf neuer Produkte und die Erarbeitung neuer Produktionsprozesse darstellen. Im Folgenden wird ein kurzer Einblick in die Phasen des Technologie- und Innovationsmanagements gegeben.

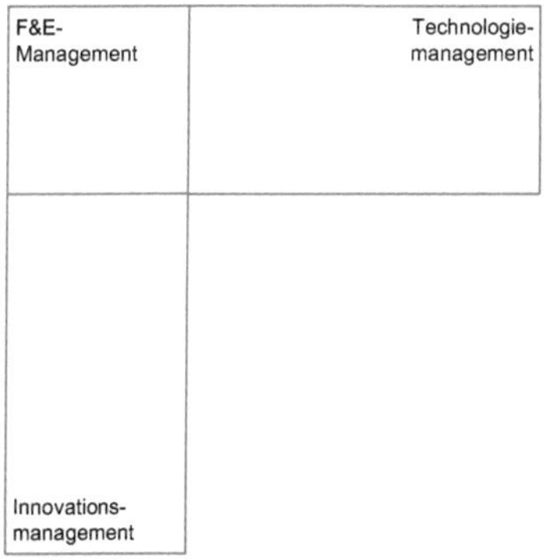


Abbildung 1: Beziehung innovationsbezogener Managementfelder

---

[2] Vergleiche Zahn (1995, S. 15 f).

| Klassifikationskriterium | Ausprägungen | | |
|---|---|---|---|
| Anwendungsbreite | Querschnitts-technologie | Spezielle Technologie | |
| Wettbewerbs-strategisches Potenzial | Schrittmacher-technologie | Schlüssel-technologie | Basis-technologie |
| Ergänzungsgrad | Komplementär-technologie | Konkurrenz-technologie | |
| Einsatzgebiet | Produkt-technologie | Prozess-technologie | |
| Technologiestruktur | System-technologie | Modul-technologie | Komponenten-technologie |

Abbildung 2: Technologiearten[3]

Gegenstand des *Technologiemanagements* sind Technologien. Technologien sind das Wissen über naturwissenschaftlich-technische Wirkungszusammenhänge zur Lösung technischer Probleme.[4] Damit bilden Technologien die Basis für die Entwicklung und Erstellung von Produkten und Verfahren. Technologien können nach unterschiedlichen Kriterien gegliedert werden. Abbildung 2 verdeutlicht einige Möglichkeiten der Kategorisierung. Das Technologiemanagement umfasst die Planung, Organisation, Führung und Kontrolle der Unternehmensprozesse, welche die Bereitstellung, die Durchsetzung des Einsatzes und die Verwertung von Technologien zum Inhalt haben.[5] Den Prozess des Technologiemanagements kann

[3] Mieke (2006, S. 5).

[4] Vergleiche Wolfrum (1994, S. 4). Zu den Beziehungen zwischen den Konstrukten Theorie, Technologie und Technik siehe Burr (2004, S. 19 f).

[5] Vergleiche Gerpott (1999, S. 58 f).

man in vier Phasen unterteilen, die in Abbildung 3 dargestellt sind.

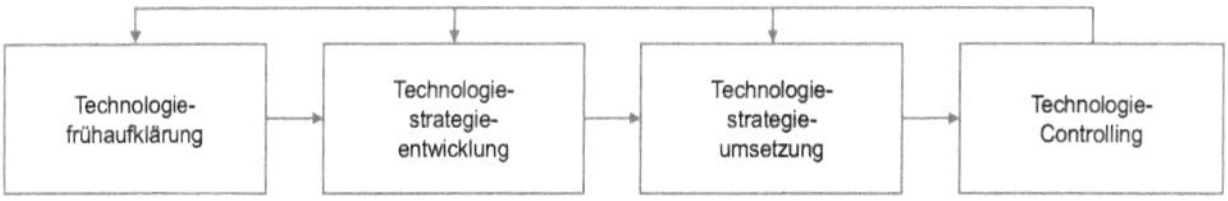


Abbildung 3: Prozess des Technologiemanagements[6]

Innerhalb der Technologiefrühaufklärung wird versucht, schwache Signale,[7] die auf bevorstehende technologische Veränderungen hindeuten, frühzeitig zu erkennen, zu analysieren und hinsichtlich ihrer Bedeutung zu bewerten. Dazu werden technologische, aber auch ökonomische, gesellschaftliche, politische und rechtliche Tendenzen untersucht, die Auswirkungen auf die Technologieentwicklung vermuten lassen.[8] Innerhalb der Technologieplanung werden vornehmlich Technologiestrategien entwickelt. Diese sollen unter Berücksichtigung der technologischen Situation des Unternehmens und der innerhalb der Frühaufklärung identifizierten technologischen Trends eine gute künftige technologische Positionierung des Unternehmens vorbereiten. Technologiestrategien legen etwa fest, ob eigene Technologieentwicklungen primär im Feld der Produkttechnologien angesiedelt sein oder auch das Feld der Prozesstechnologien umfassen sollen. Ferner weist die Technologiestrategie den Weg zur technologi-

[6] Mieke (2006, S. 11).

[7] Vergleiche Ansoff (1976, S. 129 ff).

[8] Vergleiche zur Vielfalt von Einflussfaktoren Wucherer (2004, S. 26).

schen Leistungsfähigkeit: Soll ein technologischer Hochleistungsstand oder lediglich die Präsenz in einem Feld angestrebt werden?

Die Technologiestrategie beantwortet auch die Frage nach den Technologiequellen. Grundsätzlich können Technologien durch externe Beschaffung wie Lizenznahme, Technologiekauf oder durch interne Forschung und Entwicklung verfügbar gemacht werden. Neben der Beschaffungsdimension definieren Technologiestrategien auch den Verwertungsaspekt. Sie definieren, ob Technologien in eigene Produkte und Verfahren Eingang finden oder durch Lizenzvergabe oder den Verkauf von Geschäftseinheiten vermarktet werden. Letztlich konkretisiert die Technologiestrategie auch das zeitliche Vorgehen: Will das Unternehmen als Pionier oder als Folger agieren?[9] Die Strategieumsetzung erarbeitet konkrete Maßnahmen zur Realisierung der Technologiestrategien.[10] Ein großer Anteil der Maßnahmen weist nicht den Charakter von Routinetätigkeiten auf. Daher werden zur Steuerung der Entwicklungsprojekte Verfahren des Projektmanagements eingesetzt. Das Technologie-Controlling verschafft dem Technologiemanagement rechtzeitig Informationen über Fehlentwicklungen, um Anpassungen im Planungs- und Durchführungsprozess zu ermöglichen.[11]

---

[9] Vergleiche Tschirky (1998, S. 296 f).

[10] Vergleiche zur Verzahnung der Technologieplanung mit der Geschäftsfeld- und Produktplanung Behrens (2003, S. 69 f).

[11] Vergleiche Brockhoff (1994, S. 334) und Tschirky (1998, S. 346). Zu negativen und positiven Wirkungen von Kontrolle in kreativen Bereichen siehe Schorb (1994, S. 110).

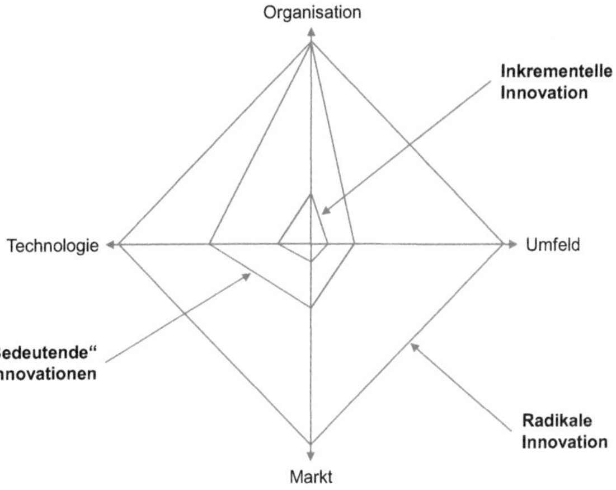


Abbildung 4: Innovationsarten nach Innovationsgrad[12]

Objekt des *Innovationsmanagements* sind Innovationen. Als Innovationen werden in die Anwendung überführte Neuerungen bezeichnet.[13] Innovationen können dabei sowohl technischer Natur wie Produkte und Technologien als auch sozialer Natur wie Organisationsstrukturen sein. Abbildung 4 zeigt, dass Innovationen hinsichtlich ihrer Einsatzfelder und ihres Neuheitsgrades erheblich voneinander abweichen. Das Innovationsmanagement zielt auf die Sicherung der wirtschaftlichen Erfolgsposition des Unternehmens und forciert dabei insbesondere den Aufbau, die Pflege und die Weiterentwicklung des unternehmensinternen Potenzials zur Innovationstätigkeit. Im Mittelpunkt stehen sowohl die Planung und Organisation als

---

12 Modifiziert nach Billing (2003, S. 31 ff) und Mieke (2009, S. 11).

13 Vergleiche Corsten, Gössinger & Schneider (2006, S. 11).

auch die Steuerung und Kontrolle von Innovationsprozessen.[14] Für den Innovationsmanagementprozess existiert eine Vielzahl von Phasenmodellen.[15]

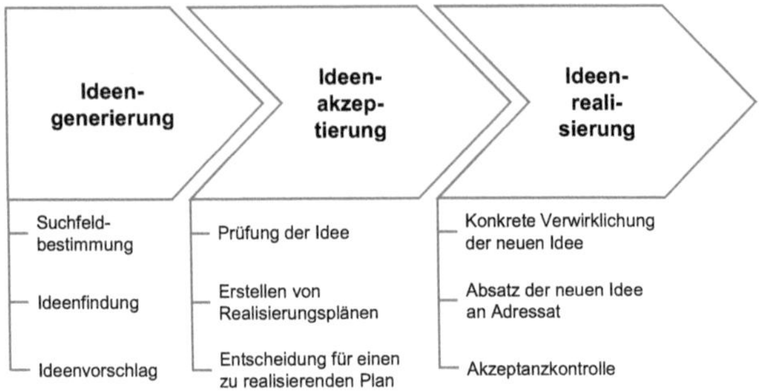


Abbildung 5: Innovationsprozess[16]

Eine sehr eingängige Sichtweise beschreibt Thom. Der Innovationsprozess gliedert sich demnach in die in Abbildung 5 beschriebenen drei Phasen.[17] In der ersten Phase werden Suchbereiche abgegrenzt, Ideen generiert und Vorschläge ausgearbeitet. Die zweite Phase zielt auf das Prüfen der Ideen und die Erarbeitung von Plänen zur Realisierung der Ansätze sowie auf die Entscheidungsprozesse und Entscheidungsdurchsetzung einzelner Initiativen. Die dritte Phase umfasst die Konkretisierung und Umsetzung der ausgewählten Idee sowie die Überprüfung des Eintretens der gewünschten Effekte.

[14] Vergleiche Pleschak & Sabisch (1996, S. 44).

[15] Eine Auswahl findet sich bei Vahs & Brem (2013, S. 231 ff).

[16] Modifiziert nach Thom (1980, S. 53).

[17] Vergleiche Thom (1980, S. 53).

Forschung und Entwicklung sowie Technologie- und Innovationsmanagement sollten planvoll betrieben werden. Ungeachtet dieser Forderung finden sich in der Praxis immer wieder Beispiele, in denen Menschen ohne systematisch geleiteten Suchprozess bahnbrechende Erfindungen machen. Häufiger – allerdings auch weniger präsent – dürften jedoch Fälle sein, die deutlich machen, dass Unternehmen scheitern, da sie nicht zielgerecht nach Innovationen suchen und diese durchsetzen. Im Folgenden werden betriebswirtschaftliche Methoden vorgestellt, die wichtige Arbeitsfelder des Technologie- und Innovationsmanagements unterstützen. Sie fördern unter anderem das Aufspüren technologischer Trends, das Erzeugen von Ideen, die Bewertung neuartiger Konzepte und die Planung, Überwachung und Steuerung von innovationsbezogenen Strategien und entsprechender Maßnahmen.

# 2 Gewinnung von Zukunftsinformationen

## 2.1 Expertenbefragungen und Delphi-Studien

- *Problemstellung:* Erfassung technologischer Zukunftsinformationen zur Vorbereitung der Technologie-, F&E- und Innovationsplanung
- *Zielgruppe:* Technische Geschäftsführer, F&E-Leiter, Stabs- und Planungsabteilungsleiter, Fabrikplaner, Zukunftsforscher
- *Voraussetzungen:* Erfahrene Interviewer, Zugriff auf Expertennetz, Ressourcen für den Kontaktaufbau und Erfahrungen in Befragungsdurchführung und Befragungsauswertung

### Zielsetzung von Expertenbefragungen und Delphi-Studien

Unternehmen greifen bei der Definition ihrer Forschungs- und Entwicklungsprogramme häufig auf Einschätzungen von Experten zurück. Die Experteneinschätzungen beziehen sich dabei nicht auf die Vorteilhaftigkeit eines etwaigen Forschungs- und Entwicklungsprogramms. Die Experten sollen vielmehr Informationen zur künftigen Ausgestaltung sozialer, ökonomischer, marktbezogener und technologischer Systeme und Umfelder bereitstellen. Für Unternehmen sind derartige Aussagen von großer Bedeutung, sollen sich doch die zu entwickelnden Produkte und Prozesse unter neuen Bedingungen bewähren und die gewünschten Wettbewerbsvorteile erzeugen. Gerade in Großunternehmen existieren Abteilungen, die Zukunftsforschung und Frühaufklärung betreiben. Dennoch werden die Mitarbeiter dieser Abteilungen nicht alle relevanten Trends aufspüren können und sind demnach auf das Know-how externer Experten angewiesen. Expertenbefragungen sollen daher:

- schwache Signale, die veränderte Zukunftskonstellationen andeuten, explizieren und dem Unternehmen verständlich machen,
- Einschätzungen zu möglichen alternativen Entwicklungen abgeben,
- Aussagen zur Verfügbarkeit bestimmter hilfreicher Artefakte machen,
- Bewertungen von Objekten durchführen.

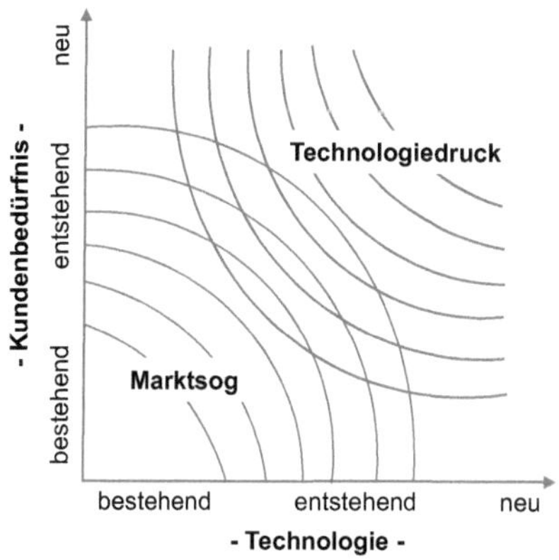


Abbildung 6: Treiber technologischer Entwicklung[18]

[18] Modifiziert nach Lauglaug (1993, S. 79) und Mieke (2006, S. 8).

Die Befragungen ermöglichen dem Unternehmen Zugriff auf intern nicht verfügbare Informationen und die Teilnahme an der Bewertungskompetenz von Experten. Ferner reduzieren sie die Unsicherheit des Managements, möglicherweise relevante Entwicklungsrichtungen übersehen zu haben. Die Informationen berücksichtigen die in Abbildung 6 dargestellten Triebkräfte *Marktsog* und *Technologiedruck* und finden Eingang in die strategische Planung des Unternehmens – insbesondere im Hinblick auf Technologien, Forschungsvorhaben und Innovationsprojekte.

**Beschreibung von Expertenbefragungen und Delphi-Studien**

Es haben sich verschiedene Formen von Expertenbefragungen entwickelt und in der betrieblichen Praxis bewährt. Man unterscheidet schriftliche Expertenbefragungen, mündlich durchgeführte Experteninterviews, Experten-Workshops und Delphi-Studien.[19] Mit Hilfe all dieser Erhebungsformen versucht man, Informationen bezüglich des Untersuchungsobjektes zu erhalten. Teilweise können Experten darüber unkompliziert Auskunft geben, weil der zu ermittelnde Sachverhalt Gegenstand ihrer unmittelbaren Arbeit ist oder sie in den Diskussionsprozess eingebunden sind.[20] Häufig jedoch, insbesondere bei weit in die Zukunft zielenden Befragungen, werden Experten mit Fragen konfrontiert, worauf sie selbst erst nach einem systematisch angestoßenen Analyse- und Bewertungsprozess antworten können. Den Experten ist diese Analyse

---

[19] Vergleiche Specht & Möhrle (2002, S. 51 f).

[20] Vergleiche Geschka (1995, S. 631).

und Bewertung aufgrund der Vertrautheit mit dem Fachgebiet und den beeinflussenden Parametern eher möglich als Nicht-Experten.

Einzelbefragungen von Experten – ob in schriftlicher oder mündlicher Form – zielen darauf ab, möglichst valide Zukunftsinformationen zu erhalten. Die Experten sollen sich durch Anwesenheit anderer Experten in ihrem Urteil nicht eingeschränkt fühlen. Die Informationen der unterschiedlichen Experten werden durch die Befragenden zusammengeführt, ausgewertet und zu einem Gesamtbild verarbeitet. Die schriftliche Befragung ermöglicht es den Experten, bei der Beantwortung Hilfsmittel zu verwenden und längere Auswertungsprozesse vorzunehmen, bevor eine Einschätzung abgegeben wird. Die mündliche Form gestattet Nachfragen der Experten, die Präzisierung der Frage durch den Interviewer und das Formulieren weiterer Fragen, die sich erst durch die Beantwortung vorheriger Fragen ergeben.

Gemeinsame Befragungen mehrerer Experten werden durchgeführt, um die Prozesseffizienz der Erhebung zu erhöhen. Durch das Zusammenbringen verschiedener Experten an einem Ort zur gleichen Zeit, möchte man vor allem den Befragungsaufwand reduzieren. Ferner wird in diesem Format darauf gesetzt, dass Experten durch die Anwesenheit von Fachkollegen zu qualitativ hochwertigen Aussagen animiert werden.[21] Auch das Aufgreifen und Weiterentwickeln einer Kollegenaussage und die gegenseitige Anregung und Motivation sind angepeilte Effekte von Gruppenbefragungen.

---

[21] Aufgabe des Interviewers oder Moderators ist es, Konformitätstendenzen auszuschließen und auch abweichende Meinungen aufzunehmen (siehe dazu Staehle 1994, S. 286).

| | Schriftliche Expertenbefragung | Experten-interview | Experten-Workshop | Delphi-Studie |
|---|---|---|---|---|
| **Vorteile** | ▪ Überwindung räumlicher Distanz<br>▪ Anonymität<br>▪ Reduktion inhaltlicher Verzerrung<br>▪ Selbstgesteuerte Bearbeitung durch den Interviewten | ▪ Qualitative Informationen<br>▪ Berücksichtigung ex ante nicht erwarteter Lösungsansätze<br>▪ Möglichkeit des Nachfragens | ▪ Durch freie Interaktion der Teilnehmer direkte Entwicklung von Lösungen<br>▪ Hohe Akzeptanz erarbeiteter Lösungen | ▪ Anonymität der Befragten<br>▪ Konsensbildung sichert Güte der Lösungsansätze |
| **Nachteile** | ▪ Geringe Rücklaufquote<br>▪ Unterschiedliche Interpretation gestellter Fragen<br>▪ Unvollständiges Ausfüllen des Fragebogens | ▪ Mehrdeutige Interpretierbarkeit der Gesprächs-inhalte<br>▪ Schlechte Quanti-fizierbarkeit der Gesprächsinhalte<br>▪ Gefahr der Beeinflussung der Interviewten | ▪ Negative gruppendynamische Effekte<br>▪ Herleitung von Lösungsansätzen auf unzureichender Theoriebasis<br>▪ Abstimmungsauf-wand für gemein-same Terminfindung | ▪ Gefahr des hohen Aufwandes zur Konsensbildung<br>▪ Starre Vorgehens-weise<br>▪ Extreme Meinungen finden möglicher-weise nicht hinreichend Gehör |

Abbildung 7: Expertenbefragungsformen

Die Delphi-Studie stellt eine besondere Form der Expertenbefragung dar und versucht, die Vorteile der erläuterten Ansätze zu vereinen. Ruhe, Bedenkzeit und ausgewogene Informationen der schriftlichen Einzelbefragung werden durch das Rückspielen aller Befragungsergebnisse an alle Teilnehmer erreicht. Experten erhalten Gelegenheit, durch das Studium der Aussagen anderer Experten ihre eigene Einschätzung zu ergänzen und solcherart zu einem modifizierten Urteil zu gelangen.[22] Durch dieses aufwändige Verfahren erhoffen sich Befragende bessere Aussagen zu neuartigen oder unstrukturierten Problemfeldern. Abbildung 7 fasst die Besonderheiten der verschiedenen Befragungsformen zusammen.

### Anwendungsbereich und Anwendungsprozess

Expertenbefragungen finden vor allem im Rahmen der Technologievorausschau und in der Technologie- und Innovationsplanung Anwendung. Hier sollen Informationen aus unterschiedlichen Quellen Berücksichtigung finden, um eine solide Entscheidungs- und Planungsgrundlage entwickeln zu können. Expertenbefragungen sind eine – wenn auch nicht auf den ersten Blick erkennbar – aufwändige Erhebungsmethode. Die Ergebnisqualität hängt unter anderem davon ab, inwiefern

- geeignete Experten gefunden und zur Mitwirkung bewegt werden können,
- es gelingt, die für das Erkenntnisfeld richtigen Fragen zu stellen,
- eine Fokussierung auf den Zeithorizont vorgesehener Planung zu erreichen ist,
- abweichende Expertenmeinungen in geeigneter Weise gedeutet werden können.

[22] Vergleiche Krystek & Müller-Stewens (1993, S. 228 f).

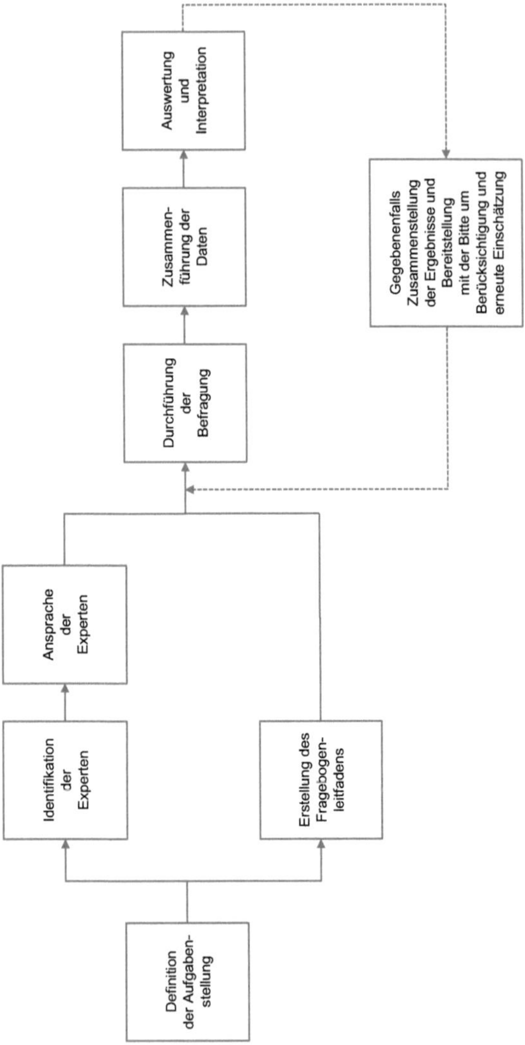


Abbildung 8: Expertenbefragungsprozess

Der in Abbildung 8 skizzierte Prozess einer Expertenbefragung beginnt mit der Formulierung der Themen-, Aufgaben- und Problemstellung. Eine klare Themenabgrenzung bildet eine Voraussetzung zum Finden geeigneter Experten. Als externe Experten im Planungsbereich des Technologie-, Forschungs-, Entwicklungs- und Innovationsmanagements sind insbesondere Forscher und Entwickler aus industriellen Forschungslabors, Hochschulen und Großforschungseinrichtungen einzustufen. Auch technologieorientierte Lieferanten und Kunden können Impulse geben, wenngleich der Vorschauhorizont bei Letzteren typischerweise nicht so weit in die Zukunft reicht wie bei Ersteren. Es schließt sich die eigentliche Suche nach geeigneten Experten für das Untersuchungsfeld an. Häufig werden hier Recherchen in Publikationslisten, Tagungsverzeichnissen und Verbandsregistern durchgeführt, um versierte Experten zu identifizieren. Diese werden danach angefragt, ob sie zur Mitwirkung bereit sind. In der Praxis dürfte die gesamte Bandbreite an Reaktionen auftreten: von strikter Ablehnung bis erfreuter Zusage.

Ablehnungen resultieren häufig aus der Sorge der Experten, geheime Informationen preisgeben zu müssen oder aus der Unwilligkeit, den Aufwand der Fragenbeantwortung ohne eigenen Nutzen tragen zu sollen. Gerade die letztgenannte Barriere kann durch die Zusage reduziert werden, dass entweder sämtliche oder ausgewählte Studienergebnisse nach Abschluss der Erhebung kostenlos zur Verfügung gestellt werden. Zustimmung kommt häufig von Experten, die intrinsisch motiviert an ihrem Forschungsfeld arbeiten, sich durch das Gespräch weitere Informationen erhoffen oder erfreut über die durch die Anfrage zum Ausdruck kommende Anerkennung ihrer Leistungen sind.[23]

[23] Vergleiche zur Mitwirkungsmotivation von Experten Mieke (2006, S. 26).

Danach erfolgt die Erarbeitung eines Fragebogens oder Gesprächsleitfadens. Hinsichtlich des Umfangs der Befragung sind die konkurrierenden Ziele Knappheit und Prägnanz einerseits und umfassende Informationserfassung andererseits auszubalancieren. Kurze Befragungen erhöhen die Mitwirkungsbereitschaft der Experten und ermöglichen unter Umständen die Befragung von mehreren Experten. Allerdings erfordern zu knappe, unvollständige Befragungen gegebenenfalls eine weitere Erhebungsrunde. Dies wirkt sich in der Regel negativ auf die Befragungsprozesseffizienz und auf die Dauer der Studienerstellung aus. Es schließt sich die Auswertung der Befragungsergebnisse an. In der Regel wird es sich weniger um statistische Auswertungen großer Datenmengen als vielmehr um das Zusammenführen und Deuten einer überschaubaren Anzahl von verbalen Experteneinschätzungen handeln, die unter Verwendung verschiedener Fachsprachen und Fachbegriffe abgegeben werden. Dieser Vorgang ist kaum automatisierbar und erfordert Erfahrung sowie Vertrautheit mit dem Untersuchungsgegenstand und mit der Studienmethode. Werden hier Informationen nicht berücksichtigt oder fehlgedeutet, können daraus erhebliche Planungsfehler resultieren. Immer wieder stehen Auswerter vor dem Problem, mit abweichenden oder sich widersprechenden Expertenurteilen umgehen zu müssen, da Mehrheitsmeinungen nicht zwangsläufig den Gang der zukünftigen Entwicklung widerspiegeln. Im Rahmen von Delphi-Studien werden die Ergebnisse der Expertenbefragung den Befragungsteilnehmern zugänglich gemacht und die Teilnehmer zur erneuten Abgabe von Beurteilungen des Untersuchungsgegenstandes aufgefordert. Dieses Vorgehen zieht in der Regel weitere Auswerteprozeduren nach sich.

### Weiterführende Hinweise

Expertenbefragungen und Delphi-Studien sind bewährte Methoden, um technologische Zukunftsinformationen zur Vorbereitung der Technologie-, Forschungs-, Entwicklungs- und Innovationsplanung zu erfassen. Allerdings sollte man vor der Durchführung von Expertenbefragungen und Delphi-Studien berücksichtigen, dass eine zu enge Auslegung des Expertenkreises dazu führen kann, dass trotz aufwändiger Befragungsrunden zukunftsbestimmende Trends nicht erfasst werden. Betraut man interne Experten mit der Befragung externer Experten, führt dies unter Umständen eher zu Positionierungswettbewerben als zu belastbaren Ergebnissen. Auf der Grundlage einer unzureichenden inhaltlichen und methodischen Vorbereitung dürfte man die Chance vergeben, bislang nicht explizierte Sachverhalte und Informationen aufzudecken beziehungsweise zugänglich zu machen. Zudem verhindert das einfache Ausblenden oder durch Mittelwertbildung erfolgende Relativieren von Extrem- und Außenseitermeinungen oftmals das Entwickeln eines Gefühls für die Unbestimmtheit und Ungewissheit der Zukunft. Die Nichtzusendung der versprochenen Studienauswertungen erschwert schließlich künftige Expertenbefragungen. Insofern sollte man in der Praxis ergänzende Informationserfassungsmethoden nutzen, um nicht nur Ausschnitte, sondern um möglichst alle planungsrelevanten Informationen zu erhalten.

## 2.2 Publikations- und Patentanalysen

- *Problemstellung:* Erkennen von Zukunftstechnologien und Identifikation von technologischen Wirkprinzipien und technologischen Verknüpfungen
- *Zielgruppe:* F&E-Manager, Innovationsplaner, Technologiefrühaufklärer und Koordinatoren von Forschungsnetzen
- *Voraussetzungen:* Zugang zu relevanten Datenbanken, Recherche- und Analysekompetenz und technisches Grundverständnis

### Zielsetzung von Publikations- und Patentanalysen

Publikations- und Patentanalysen sollen eine qualitativ hochwertige Technologievorausschau ermöglichen. Die Vorausschau deckt künftig in Produkten und Verfahren zur Anwendung kommende Technologien auf, weist auf in der Zukunft verfügbare und nutzbare technologische Lösungen hin und unterstützt somit eine umfeldgerechte Technologie-, Forschungs-, Entwicklungs- und Innovationsplanung. Publikations- und Patentanalysen setzt man auch zur Stimulierung der Kreativität bei der Erzeugung neuartiger Lösungen ein. Sie sollen schließlich auch die Verletzung etwaiger Schutzrechte anderer durch das eigene Unternehmen verhindern.

## Beschreibung der Publikations- und Patentanalysen

Zahlreiche technologische Informationen sind in frei zugänglichen Quellen wie Offenlegungsschriften von *Patenten* oder Fachzeitschriften dokumentiert.[24] Akteure, die für ihre Planungen relevante Informationen aus der oft beklagten Informationsflut herausfiltern, werden in die Lage versetzt, sich einen Vorsprung gegenüber Wettbewerbern zu erarbeiten. *Publikationen*, etwa in Form von Zeitschriften- oder Tagungsbandbeiträgen, enthalten oftmals sehr aktuelle Forschungsergebnisse – häufig so aktuell, dass Effekte, Wirkungszusammenhänge und technologische Verfahren beschrieben werden, ohne dass eine Anwendung beispielsweise in Form konkreter Funktionen von Produkten unmittelbar bevorstünde. Die vorgestellten Ergebnisse sind in der Regel Resultat von Forschungsaktivitäten, gelegentlich aus geförderten Forschungsprojekten mit Publikationspflicht. Da Publikationen die „Währung der Wissenschaft" darstellen, sind Wissenschaftler meist mehr an der zügigen Veröffentlichung ihrer Ergebnisse als an einer unmittelbaren, durch sie initiierten und gesteuerten wirtschaftlichen Verwertung der Ergebnisse interessiert. Die entsprechenden Informationsquellen sind frei verfügbar, und die Auswerte- und Recherchekompetenz des Informationssuchenden bestimmen den Grad des Vorteils, den man aus diesen Informationen ziehen kann.

Patente werden erteilt, um Erfindern die wirtschaftliche Nutzung der kreierten Lösungen für eine bestimmte Zeit exklusiv zuzugestehen. Zu diesem Zweck werden neuartige technische Lösungen detailliert beschrieben, um andere Personen vor einer versehentlichen Nutzung einer

---

24 Vergleiche Wurzer (2003, S. 49).

patentierten Lösung zu schützen, aber auch um unbefugten Nutzern gezielten Missbrauch nachweisen zu können. Das in der Patentschrift ausführlich dargelegte neue technische Prinzip gewährt anderen Akteuren jedoch auch – abseits einer Missbrauchsabsicht – Einblicke in die Ergebnisse industrieller Forschungstätigkeit, zum Beispiel auch von Konkurrenten, und erlaubt im Zuge von Lizenzierungsbestrebungen, die Verwendung der Technologie anzupeilen. In jedem Fall kann man durch systematische Patentanalysen die technologische Zukunft mittelfristig greifbar machen. Schätzungen besagen, dass Patente im Schnitt vier bis sieben Jahre vor der ersten marktbezogenen Verwertung der Lösung angemeldet werden.[25] Ferner wird davon ausgegangen, dass etwa drei Viertel des gesamten technischen Wissens exklusiv in Patentschriften festgehalten ist.[26] Diese Angaben verdeutlichen das Potenzial fundierter Patentanalysen im Rahmen der Technologievorausschau und mit Blick auf die Forschungs-, Entwicklungs- und Innovationsplanung von Unternehmen.

### Anwendungsbereich und Anwendungsprozess

Vorrangiges Anwendungsfeld von Publikations- und Patentanalysen dürften technologische Planungen sein. Wenngleich auch die Patentierungsbestrebungen von Geschäftsmodellen und Geschäftsprozessen zunehmend in den Fokus rücken.[27]

---

[25] Vergleiche Gerpott (1999, S. 108).

[26] Vergleiche Faix (1998, S. 43).

[27] Vergleiche Walter & Möhrle (2009, S. 41 ff).

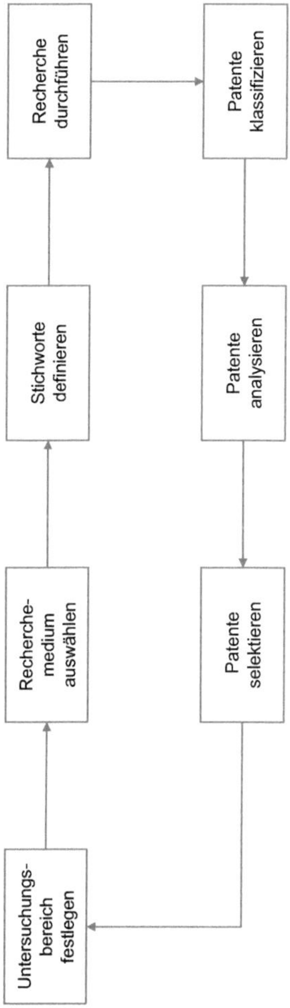


Abbildung 9: Patentanalyseprozess[28]

Eine Publikations- und Patentanalyse lässt sich, wie in Abbildung 9 dargestellt, in sieben Schritte gliedern:[29] Zunächst legt man den Untersuchungsbereich fest. Die Annahme, dass drei Viertel des technischen Wissens exklusiv in Patenten verfügbar ist, vermittelt ein Gespür für den Aufwand, der mit der Durchführung von Patentanalysen verbunden sein kann. Insofern sollte man sich fokussieren, allerdings unter Berücksichtigung hinreichender, auch auf Substitutionstechnologien abstellende Recherchen. Im zweiten Schritt erfolgt die Wahl der Recherchemedien. Welche Publikationen, bei welchen Patentämtern, in welchen Datenbanken sollen geprüft werden? Im Folgenden definiert man Stichworte, mit deren Hilfe mit hoher Trefferwahrscheinlichkeit die interessierenden technologischen Lösungen entdeckt werden können. An dieser Stelle ist häufig das Spielen mit und das Umformulieren von Suchbegriffen hilfreich, um die gewünschten Ergebnisse zu erzielen.

---

[28] Mieke (2006, S. 130).

[29] Vergleiche Specht & Mieke (2004a, S. 22).

| Technologie ................... | Patent ................... | Erteilungsdatum ................... | Patentantragssteller ................... | Technologische Stärke ○ ○ ○ ○ ○ ++ + 0 - -- |
|---|---|---|---|---|
| Zweck / Funktionen | | | | |
| Naturwissenschaftliches Prinzip | | | | |
| Basiert auf welchen anderen Technologien / Bezugspatenten | | | | |
| Ist Voraussetzung für welche anderen Technologien (dient als Referenztechnologie) | | | | |
| ... | | | | |

Abbildung 10: Beispiel eines Formblattes zur Informationsspeicherung bei Patentanalysen[30]

[30] Mieke (2006, S. 147).

Es schließt sich die eigentliche Recherche an.[31] Relevante Patente und Veröffentlichungen werden herausgefiltert und einer Grobeinschätzung zugeführt. Die Grobeinschätzung bildet die Grundlage für die anschließende Klassifizierung der gefundenen Lösungen. Die Klassifizierung kann nach unterschiedlichen Rastern erfolgen: Produkt- versus Prozesstechnologie, Querschnitts- versus spezielle Technologie, Kern- versus ergänzende Technologie oder System- versus Komponententechnologie. Hier bestimmen der Untersuchungsgegenstand und das Analyseinteresse sowie der Planungsgegenstand die Art der Klassifizierung. Die Klassenbildung ermöglicht im Weiteren eine Priorisierung bei der detaillierten Analyse der Patente. Hier werden die in den Patenten beschriebenen technologischen Lösungen präzise erfasst, ihr Leistungspotenzial eingeschätzt und ihre Vernetzung mit anderen Technologien untersucht. Dabei hat sich die Nutzung von Formblättern bewährt[32] – wie in Abbildung 10 dargestellt –, um die Erkenntnisse aus der Analyse jedes einzelnen Patents zu dokumentieren. Schließlich werden jene Patente und die entsprechenden technologischen Lösungen selektiert, die auf der Basis weiterer Recherchen ausführlicher beschrieben und untersucht werden sollen.

### Weiterführende Hinweise

Publikations- und Patentanalysen sparen im Vergleich zu Expertenbefragungen Reisekosten, werden jedoch hinsichtlich des Recherche- und Analyseaufwandes häufig unterschätzt. Ungeübte oder technologisch nicht versierte

---

[31] Der Rechercheerfolg wird wesentlich durch das Beherrschen verschiedener Zugriffsarten auf die abgelegten Fachinformationen bestimmt (vergleiche Suhr 2000, S. 396).

[32] Vergleiche Mieke (2006, S. 147).

Personen finden meist nicht alle relevanten und nutzenstiftenden Hinweise. Eine isolierte Publikations- und Patentanalyse versperrt die Möglichkeit der Einbeziehung bislang nicht explizierter Einschätzungen, beispielsweise seitens ausgewiesener Experten. Patentanalysen werden noch zu häufig ausschließlich im Rahmen der Überlegungen zu Schutzrechtsverletzungen und zu wenig für die Technologievorausschau und Technologieplanung eingesetzt.

# 3 Technologieanalyse und Technologiebewertung

## 3.1 Technologielebenszyklus und S-Kurve

- *Problemstellung:* Bewertung von Gegenwarts- und Zukunftstechnologien, Zuweisung von F&E-Projektbudgets und Bewertung von Produktprogrammen
- *Zielgruppe:* F&E-Leiter, Produktprogrammmanager, Produktionstechnologen, Fabrikplaner, Technologie-Controller
- *Voraussetzungen:* Möglichkeit zur objektiven Bewertung der Leistungsfähigkeit von Technologien und Beschaffung von Daten zu F&E-Aufwendungen

### Zielsetzung des Technologielebenszyklus und der S-Kurve

Lebenszyklusmodelle haben sich in vielen Bereichen der strategischen Analyse und Planung als hilfreiche Instrumente etabliert.[33] In der Produktplanung wird mit Hilfe des Gedankenmodells und der dazugehörigen Darstellung vom Produktlebenszyklus verdeutlicht, in welcher Lebensphase sich ein Produkt befindet. Mit Hilfe der Produktlebenszyklusanalyse[34] lassen sich spezielle Marketingmaßnahmen, aber auch die Anforderungen an die Produktentwicklung für zum Beispiel Nachfolgemodelle der aktuellen Produkte ableiten. Auch ganze Unternehmen, Märkte, Branchen oder Kooperationen können unter dem Blickwinkel des Lebenszyklus betrachtet werden. Somit stellt sich auch bei aktuellem Wachstum eines Objektes

[33] Vergleiche Höft (1992, S. 74 ff).

[34] Vergleiche Nagel & Mieke (2014a, S. 263 ff).

die Erkenntnis ein, dass Höhenflüge von Planungsgegenständen endlich sind. Das Lebenszyklusmodell stammt nicht aus der Betriebswirtschaftslehre, sondern wurde der Biologie entlehnt. Der Gedanke war so griffig, verständlich und leicht kommunizierbar und erwies sich als auf betriebswirtschaftliche Planungsgegenstände übertragbar, dass die Adaption und Ausbreitung innerhalb der Betriebswirtschaftslehre zu Selbstläufern wurden.

Auch im Rahmen des Technologie- und Innovationsmanagements haben sich Lebenszyklusmodelle durchgesetzt. Ihr primäres Ziel liegt in der Sensibilisierung von Mitarbeitern für die Endlichkeit der Nutzungsdauer von Objekten wie einer Technologie. Die Methode schärft den Blick, dass man nach Fertigstellung des aktuellen Entwicklungsprojektes schon die Entwicklungsaufgabe der nächsten Produkt- oder Technologiegeneration initiieren sollte. Lebenszyklusmodelle unterstützen Akteure in Entscheidungssituationen, die Ressourcenzuweisungen für verschiedene Entwicklungsprojekte zum Gegenstand haben. Soll etwa ein bestimmter Geldbetrag in die Weiterentwicklung und Perfektionierung einer bekannten, in der Anwendung befindlichen Technologie investiert werden, oder sollten diese Mittel für die Entwicklung einer anderen, völlig neuen Technologie Verwendung finden?

### Beschreibung des Technologielebenszyklus und der S-Kurve

Technologielebenszyklen treten in unterschiedlichen Formen auf und nutzen verschiedene Messgrößen. So werden mit dem Begriff des Technologielebenszyklus sowohl Modelle des Technologielebenszyklus im engen Sinne als auch die so genannte S-Kurve umschrieben. Als Technologielebenszyklus im engen Sinne bezeichnet man üblicherweise den Grad der Technologieausbreitung im Zeitablauf.[35] Abbildung 11 illustriert diesen Gedanken.[36]

Dabei wird deutlich, dass neue Technologien zu Beginn in der Regel geringe Wachstumsraten aufweisen, da sie beispielsweise noch sehr teuer sind und noch nicht die vollständige Anwendungsreife und geforderte technische Perfektion erreicht haben, oder da die benötigte technische Peripherie noch nicht bereit steht. Häufig breiten sich überlegene Technologien anschließend mit hohen Wachstumsraten aus. Diese werden bei Erreichen eines hohen Sättigungsgrades abflachen und schließlich in einen Rückgang der Ausbreitung münden. Der Rückgang des Ausbreitungsgrades wird durch das Aufkommen von Konkurrenztechnologien und durch die Verdrängung alter durch neue Technologien befördert. In Abhängigkeit von der Lebenszyklusphase kann man auf verschiedene Normstrategien zurückgreifen und diese für die Bereiche Patentierung, Marketing oder Produktentwicklung nutzen.

---

[35] Vergleiche Specht & Möhrle (2002, S. 356).

[36] Vergleiche zum diffusionsbezogenen Lebenszyklusmodell Ford & Ryan (1981, S. 120) und zum wettbewerbspotenzialbezogenen Ansatz Michel (1990, S. 67).

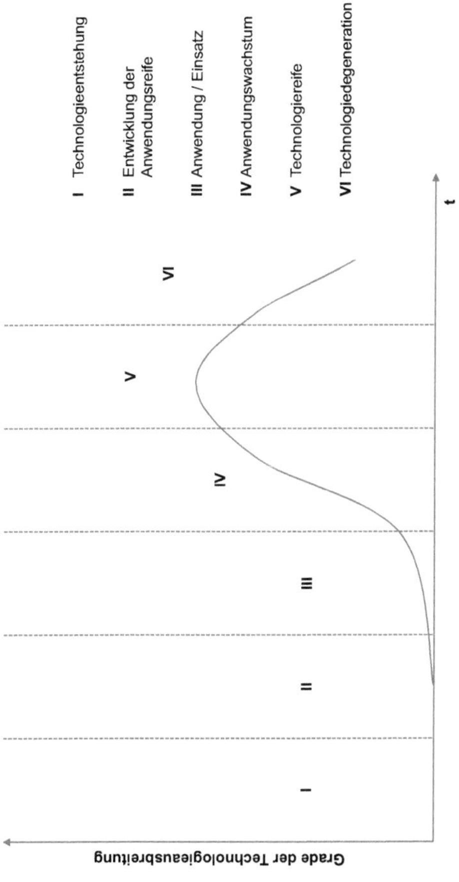


Abbildung 11: Technologielebenszyklus[37]

[37] Modifiziert nach Ford & Ryan (1981, S. 120).

Die Technologie-S-Kurve stellt nicht auf die Verbreitung einer Technologie oder erzielbare beziehungsweise erzielte Erlöse ab, sondern zeigt die Entwicklung der technologischen Leistungsfähigkeit in Abhängigkeit vom eingesetzten, kumulierten Forschungs- und Entwicklungsaufwand.[38] Der Verlauf nimmt häufig eine dem Buchstaben „S" ähnliche Form an. Abbildung 12 stellt diesen Zusammenhang schematisch dar.

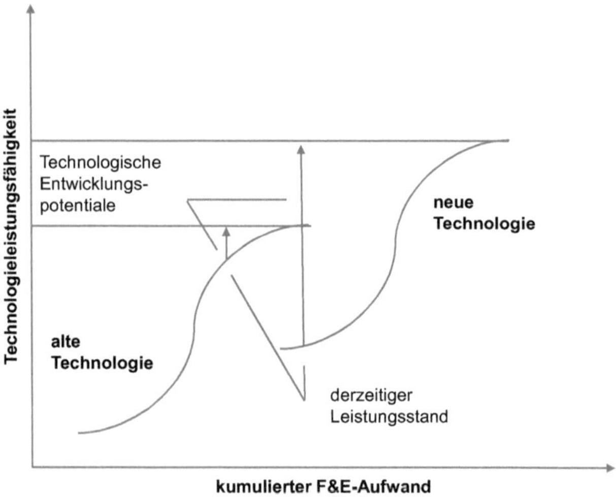


Abbildung 12: S-Kurve[39]

[38] Vergleiche Krubasik (1982, S. 29).

[39] Modifiziert nach Krubasik (1982, S. 29).

Das S-Kurven-Modell macht deutlich, dass zu Beginn des Lebenszyklus vergleichsweise hohe Aufwendungen erforderlich sind, um geringe Fortschritte zu erzielen. Ist einmal eine kritische Schwelle überschritten, führen weitere Forschungs- und Entwicklungsaktivitäten pro eingesetzter F&E-Aufwands-Geldeinheit zu deutlich höheren Zuwächsen der technologischen Leistungsfähigkeit. Ab dem Wendepunkt weisen die Leistungszuwächse immer noch eine beträchtliche Höhe auf, nehmen aber wieder ab. Nahe der naturwissenschaftlich-technischen Leistungsfähigkeitsgrenze, der sich die reale Leistungsfähigkeit asymptotisch annähert, sind hohe Forschungs- und Entwicklungsaufwendungen zur Erzielung kleinster Leistungssteigerungen erforderlich.

Die S-Kurve verdeutlicht Entscheidern im Technologie- und Innovationsmanagement, dass die Bereitstellung von Ressourcen zur Weiterentwicklung bereits ausgereifter Technologien im Hinblick auf deren Leistungsfähigkeit nur noch sehr geringe Verbesserungen hervorrufen wird. Alternativ können diese finanziellen Mittel bei anderen, neuen Technologien – die möglicherweise noch deutlich unter dem Leistungsniveau der etablierten oder alten Technologie liegen – zu einer Leistungssteigerung, ja womöglich zur leistungsseitigen Überflügelung der alten Technologie führen. Die S-Kurve dürfte häufig dazu animieren, den Mut zur Fokusverschiebung beziehungsweise zum Technologiewechsel aufzubringen. Knappe Ressourcen können vor dem Hintergrund der entsprechenden Erkenntnisse effektiver eingesetzt werden.

### Anwendungsbereich und Anwendungsprozess

Technologielebenszyklus und S-Kurve werden vor allem in der Technologiefrühaufklärung, der Technologieplanung und dem Technologie-Controlling eingesetzt. Innerhalb der Technologiefrühaufklärung helfen sie bei der Bewertung von Technologien und unterstützen gegebenenfalls auch bei der Einordnung in Technologie-Roadmaps. In der Technologieplanung stiften sie Nutzen bei der Erstellung des F&E-Projektportfolios, wobei hier folgende Frage im Mittelpunkt steht: Welche Forschungs- und Entwicklungsvorhaben sollen in nächster Zeit verfolgt und welche nicht weiter bearbeitet werden? Auch im Technologie-Controlling kann weniger planerisch denn überwachend nach dem effektiven und effizienten Mitteleinsatz gefragt werden. Die S-Kurve kann hier zum Teil Aufschluss geben.

Der in Abbildung 13 beschriebene Prozess zur Erstellung von Technologie-S-Kurven, die vermutlich eine noch größere Verbreitung haben als die Technologielebenszyklen im engen Sinne, beginnt mit der Abgrenzung der einzubeziehenden Technologien.

Grundsätzlich kann für alle derzeit in Entwicklung und Nutzung befindlichen Technologien wie auch für die von anderen Institutionen entwickelten und für das eigene Unternehmen interessant erscheinenden Technologien eine S-Kurven-Analyse und eine S-Kurven-Betrachtung erfolgen. Allerdings kann man aufgrund methodischer und ressourcenbedingter Restriktionen nicht alle Technologien untersuchen. Insofern muss man in der Praxis eine Auswahl treffen. Daran anknüpfend werden die Daten zu den erbrachten Forschungs- und Entwicklungsaufwendungen und zu den erreichten Leistungsniveaustufen für die selektierten Technologien erfasst, zugeordnet und in eine S-Kurven-Darstellung überführt. Im Rahmen dieser Analysen werden zunächst Messkriterien für die technologische Leistungsfähigkeit benannt und anschließend vorhandene beziehungsweise zugängliche Daten zusammengetragen oder durch eigene Versuche erzeugt. Zudem

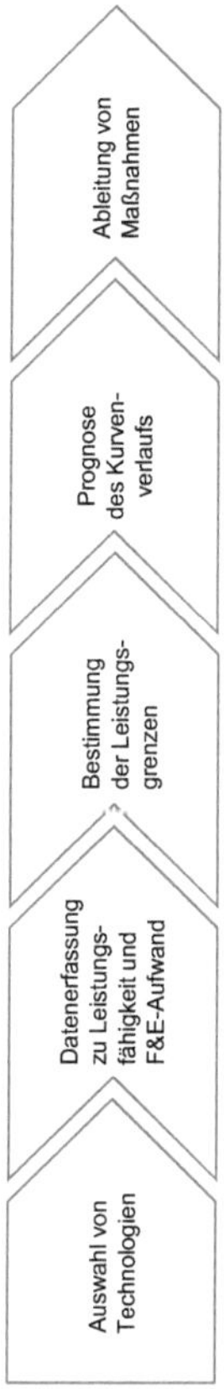


Abbildung 13: S-Kurven-Analyseprozess

gilt es, die naturwissenschaftlich-technische Leistungsgrenze der einzelnen Technologien zu ermitteln oder wenigstens abzuschätzen. Daran schließen sich die strategischen Ableitungen beispielsweise zur Ressourcenallokation an.

### Weiterführende Hinweise

Lebenszyklus- und S-Kurven-Modelle sind sehr hilfreiche Methoden. Allerdings kann ihre isolierte Anwendung zu Fehlentscheidungen führen. Innerhalb der S-Kurven-Logik kann es sinnvoll sein, keine Forschungs- und Entwicklungsressourcen mehr in die Weiterentwicklung einer Technologie zu investieren, die sich nahe an ihrer Leistungsgrenze befindet. Unter Umständen wäre es aber rational, diese Investition zu tätigen. Beispielsweise dann, wenn durch die zusätzliche Forschungs- und Entwicklungstätigkeit eine Leistungsfähigkeit erreicht würde, die es erst ermöglicht, diese Technologie auch in bisher nicht genutzte Anwendungsfelder einzubringen und damit den Querschnittscharakter der Technologie zu erhöhen und unter Umständen eine breitere Basis an Objekten zu erzeugen, die für finanzielle Rückflüsse sorgen könnten. Das Vorgehen wäre insbesondere dann zu empfehlen, wenn die Konkurrenztechnologie trotz höherer Leistungsgrenze nur ein sehr eingeschränktes Anwendungsgebiet besäße. Der kombinierte und ausgewogene Einsatz verschiedener Planungsinstrumente erweist sich in der Regel als erfolgreich. Ferner ist die Erstellung von S-Kurven retrospektiv leicht möglich. Allerdings ist die exakte Erfassung des aktuellen Standes einer Technologie auf ihrer S-Kurve recht schwierig. Dies liegt insbesondere an der im Voraus häufig nicht genau bestimmbaren Leistungsgrenze der Technologie wie auch der schwierigen Vorhersagbarkeit des künftigen Kurvenverlaufs – eher steil oder eher flach, weniger oder mehr S-förmig.[40] Es handelt sich bei der S-Kurve insofern nicht um einen naturgesetzlichen Zusammenhang, der immer in gleicher

[40] Vergleiche zu Kurvenverläufen Wissema (1982, S. 27 ff). Beispiele finden sich auch bei Foster (1986, S. 135)

Form auftritt, sondern um ein Phänomen, das in der Praxis in verschiedenen Varianten beobachtet werden kann. Daher kann diese betriebswirtschaftliche Methode allenfalls Orientierung geben, aber keine exakten Prognoseergebnisse liefern.

## 3.2 Technologie- und innovationsbezogene Portfolios

- *Problemstellung:* Auswahl von F&E-Projekten und Planung und Strategiebildung im Technologie- und Innovationsbereich
- *Zielgruppe:* F&E-Leiter, Innovationsmanager, Produktionsleiter, Technischer Geschäftsführer, Stabsmitarbeiter, Technologie-Controller
- *Voraussetzungen:* Vertrautheit mit Portfoliomethoden und Zugang zu den erforderlichen Daten

### Zielsetzung der technologie- und innovationsbezogenen Portfolios

Technologie- und innovationsbezogene Portfolios unterstützen die Planung im Technologie-, Forschungs-, Entwicklungs- und Innovationsbereich.[41] Sie dienen der Strukturierung von Entscheidungsprozessen, zielen auf die mehrdimensionale Fundierung von Planungsvorgängen und wollen die planungsinhärente Komplexität beherrschbar und dabei schwierige Zusammenhänge durch Visualisierung aggregierter Größen für Akteure anschaulich machen. In Portfolios – die im Ergebnis Objekte in einem zumeist zweidimensionalen Koordinatenkreuz ab-

---

[41] Vergleiche zur Nutzung von Portfoliokonzepten im Bereich der strategischen Planung Hahn (1990, S. 225 ff).

bilden – können beispielsweise Technologien oder Forschungs- und Entwicklungsprojekte positioniert werden. Dabei kann man eine angestrebte Position in der Zukunft abbilden. Ebenso kann man im Zeitablauf erreichte Ist-Positionen darstellen und ein Vergleich mit Soll-Positionen vornehmen. Ziel von Portfolios ist eine objektive und nachvollziehbare Entscheidungsfindung innerhalb der Planung, wobei insbesondere in interdisziplinären Planungsgruppen durch Visualisierung eine Erleichterung der Kommunikation zwischen den Beteiligten angestrebt wird.

### Beschreibung der technologie- und innovationsbezogenen Portfolios

Zweidimensional angelegte Portfolios betrachten in der Regel eine durch das Unternehmen beeinflussbare und eine nicht-beeinflussbare Größe.[42] Im Bereich technologie-, forschungs-, entwicklungs- und innovationsorientierter Portfolios haben sich verschiedene Portfolioarten herausgebildet: beispielsweise das Technologieportfolio, das Innovationsportfolio, das Erfinderportfolio, das Patentportfolio und das F&E-Programmportfolio.

Das *Technologieportfolio* spannt die Dimensionen Technologieattraktivität und Ressourcenstärke auf.[43] Technologieattraktivität ist die externe, durch das Unternehmen kaum beeinflussbare Größe. Ressourcenstärke ist die durch das Unternehmen steuerbare interne Größe. Das Technologieportfolio unterstützt unter anderem die Planung der Investitionsentscheidungen in einzelnen Technologiefeldern, aber auch Überlegungen zu Kooperationen mit anderen Unternehmen oder Technologiekäufen und Unternehmensakquisitionen.

---

[42] Vergleiche Specht & Möhrle (2002, S. 235).

[43] Vergleiche Pfeiffer & Dögl (1990, S. 259).

Das *Innovationsportfolio* beleuchtet die Größen Innovationsfeldattraktivität und Innovationsfeldstärke. Es stellt dabei nicht primär auf Technologien, sondern auf Innovationen im Allgemeinen wie Produktneuheiten ab. Damit schlägt es als Planungsinstrument eine Brücke von der technologielastigen Forschungs- und Entwicklungsplanung zur produkt- und kundenorientierten Marketing- und Geschäftsfeldplanung.[44]

Das *Erfinderportfolio* weist Patentaktivität und Patentqualität jeweils in den Ausprägungen „niedrig" und „hoch" aus. Somit lassen sich auf verschiedenen Aggregationsebenen Klassifikationen unterschiedlich kreativer Akteure anlegen.[45] Das Portfolio kann als Instrument des Personalmanagements innerhalb von Technologieentwicklungs- oder Forschungs- und Entwicklungsabteilungen zur Anwendung kommen und zeigt, welche Erfinder mit welchem Aktivitätsniveau gute beziehungsweise weniger gute Ergebnisse erzeugen. Aber auch auf der Ebene von Entwicklungsteams oder Entwicklungsabteilungen kann die Messung und Einordnung vollzogen werden.

*Patentportfolios* ordnen nach relativer Patentposition und Technologieattraktivität auf Abszisse und Ordinate.[46] Als dritte Dimension in Form der Kreisgröße der in das Koordinatenkreuz eingezeichneten Objekte wird die Technologiebedeutung abgebildet. Dieses Portfolio unterstützt die Einschätzung der eigenen Forschungs- und Entwicklungsstärke im Vergleich zu anderen Unternehmen – beispielsweise Wettbewerbern – in Form der relativen Patentposi-

---

[44] Vergleiche Michel (1990, S. 191).

[45] Vergleiche Vitt (1998, S. 60 ff) und Ernst, Leptien & Vitt (1999, S. 91 ff).

[46] Vergleiche zu Patentportfolios Ernst (1998, S. 279 ff).

tion.[47] Technologieattraktivität setzt das Wachstum der Patentanmeldungen im betrachteten Technologiefeld zum durchschnittlichen Wachstum aller betrachteten Felder ins Verhältnis. Die Technologiebedeutung zeigt, wie stark die eigene Patentierungstätigkeit in diesem Technologiefeld zur gesamten eigenen Patentierungstätigkeit ausgeprägt ist. Das Portfolio unterstützt beispielsweise im Rahmen der strategischen Planung von Forschungs- und Entwicklungsaktivitäten, aber auch bei der Ressourcenallokation im Forschungs- und Entwicklungsbereich.

Das *F&E-Programmportfolio* sortiert Technologien und Entwicklungsvorhaben nach den Triebfedern technologischer Innovation, die mit den Begriffen Technologiedruck und Marktsog gekennzeichnet werden.[48] Technologiedruck ergibt sich beispielsweise aus vielfältigen Einsatzmöglichkeiten der Technologie, hoher technischer Standards und Neuigkeitsgrade und aufgrund der Passfähigkeit mit anderen Technologien und Projekten. Marktsog entwickelt sich zum Beispiel durch hohe Umsatz- und Marktanteilspotenziale, gegebenenfalls gekoppelt mit einem ausgeprägten Marktwachstum und einem deutlichen Vorteil vor etwaigen Konkurrenten.[49] Die Einordung der Technologieentwicklungsprojekte erfolgt anhand beider Kriterien. Dadurch ergeben sich eine Kategorisierung und resultierend daraus eine Priorisierung. Projekte mit hohem Technologiedruck und hohem Marktsog, so ge-

---

47 Die Größe Patentposition dürfte weniger Interpretationsspielräume eröffnen als die Größe Ressourcenstärke beim Technologieportfolio (vergleiche Ernst 2002, S. 215).

48 Vergleiche Möhrle (1999, S. 82 f). Zum Technologievorteil-Kundennutzen-Portfolio vergleiche Hsuan & Vepsäläinen (1999, S. 55).

49 Vergleiche Möhrle (1988, S. 13 ff).

nannte *Renner*, sollten mit Nachdruck weiter vorangetrieben werden. Technologien mit spiegelbildlicher Ausprägung, so genannte *Schläfer*, sollte man hingegen kritisch überprüfen und unter Umständen nicht weiterverfolgen.

**Anwendungsbereich und Anwendungsprozess**

Das Hauptanwendungsfeld von Portfolios liegt im Bereich der Planung. Häufig werden im Rahmen der Portfoliotechnik Normstrategien empfohlen, die dem Management konkrete Handlungsmöglichkeiten unterbreiten. Ebenso sind Portfolios im Controlling einsetzbar. Es kann mit ihrer Hilfe nachvollzogen werden, ob angestrebte Ziele erreicht werden konnten. Der Schwerpunkt ihres Einsatzes liegt in Unternehmen, die über mehrere Entwicklungsprojekte und ein Bündel an Technologien verfügen. Wenn hingegen nur ein unternehmenseigenes Objekt in die Betrachtung eingeht, können Portfolios ihre Wirksamkeit nicht vollständig entfalten. Die Vorgehensweise der Portfoliotechnik wird im Folgenden und in Abbildung 14 anhand des weit verbreiteten Technologieportfolios dargestellt.

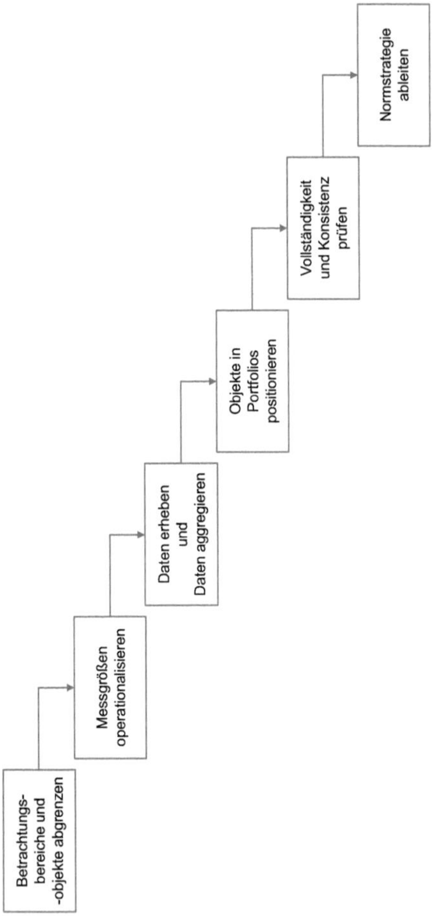


Abbildung 14: Vorgehensweise Portfoliotechnik

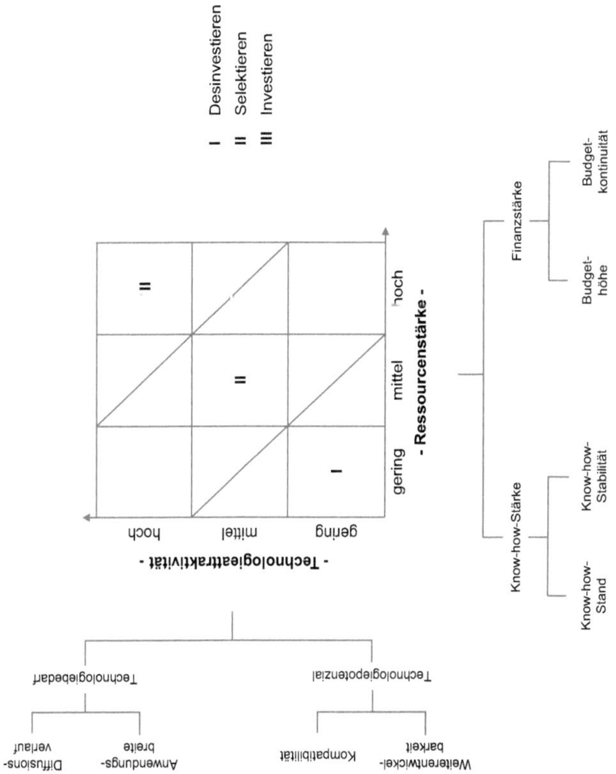


Abbildung 15: Technologieportfolio[50]

---

50 Modifiziert nach Pfeiffer & Weiß (1995, S. 674).

In einem ersten Schritt werden die zu betrachtenden Objekte zusammengestellt und abgegrenzt. Im Folgenden werden die Dimensionen mit messbaren Kriterien hinterlegt, die Aggregationsweise zur Hauptgröße beschrieben und die Skalierung der Achsen festgelegt. Bei dem in Abbildung 15 dargestellten *Technologieportfolio nach Pfeiffer* werden die Dimensionen Technologieattraktivität und Ressourcenstärke verwendet.[51] Technologieattraktivität setzt sich aus der bedarfsseitigen Größe „Anwendungsbreite“ und den potenzialseitigen Faktoren „Weiterentwicklungspotenzial“ und „Kompatibilität“ zusammen. Die Ermittlung der Ressourcenstärke erfolgt durch Erhebung und Zusammenführung des Wissens- beziehungsweise Know-how-Standes und dessen Stabilität als auch durch Budgethöhe und Budgetkontinuität. Die Analyse dieser Beschreibungsgrößen erfordert unternehmensexterne und unternehmensinterne Recherchen und Bewertungsprozesse. Diese werden in der Regel nicht durch einen Akteur, sondern in Arbeitsgruppen – häufig interdisziplinär, gelegentlich unter Hinzuziehung externer Berater und Experten – vorgenommen. Im Weiteren erfolgt ein Abgleich mit den Planungsvorgaben aus übergeordneten Ebenen des Unternehmens. Eine Technologie-, Forschungs-, Entwicklungs- und Innovationsplanung kann zwar auch Anregungen für neue Unternehmensziele und Strategien geben, wird sich aber letztlich an deren Vorgaben orientieren müssen. Danach werden die Analyseergebnisse und Planungen in der Portfoliodarstellung visualisiert und einer Vollständigkeits- und Konsistenzprüfung unterzogen. Im abschließenden Schritt erfolgt das Zuweisen der Normstrategieempfehlungen – Investieren, Selektieren oder Desinvestieren –, um daraus pragmatische, die Unternehmensziele unterstützende Strategien abzuleiten.

---

[51] Vergleiche Pfeiffer & Weiß (1995, S. 674).

### Weiterführende Hinweise

Portfolios sind aufgrund ihrer einfachen Darstellung und Vorgehensweise in der betrieblichen Praxis sehr beliebt. Allerdings ist bei der Portfolioanwendung darauf zu achten, dass geeignete Dimensionen im Portfolio genutzt werden. Sind diese nicht wissenschaftlich abgesichert, basieren weitreichende Entscheidungen auf gegebenenfalls unzulänglichen Kriterien. Vielfach werden der Aufwand und die Notwendigkeit gründlicher und umfassender Recherche- und Bewertungstätigkeit unterschätzt. Möglicherweise suggeriert die übersichtliche finale Darstellungsform, dass auch der Erstellungsprozess sehr übersichtlich abhandelbar wäre. Aber auch hier gilt: Die Ergebnisse der Planung können nur so gut sein wie die Datenqualität und die Datenbewertung.

Normstrategien verleiten dazu, diese als methodeninhärente Empfehlungen konsequent zu befolgen. Von unreflektierter Umsetzung empfohlener Normstrategien ist hingegen abzuraten, da sie nur Handlungshinweise darstellen. Insofern ist beispielsweise zu prüfen, inwiefern man die Technologieattraktivität oder die Ressourcenstärke durch eigene Aktivitäten beeinflussen kann, wodurch sich gegebenenfalls ein anderes Bild ergeben würde.

Immer wieder beklagen operativ ausgerichtete Führungskräfte den Methodenpluralismus. Für einzelne Managementprobleme existieren jeweils spezielle Methoden. Managemententscheidungen sind aber häufig durch hohe Komplexität, Multidimensionalität und Mehrstufigkeit gekennzeichnet. Dies erfordert in der Praxis die Anwendung einer Vielzahl von Methoden. Die Notwendigkeit zum Methodenpluralismus kann zum einen Probleme bei der Datentransformation zwischen den einzelnen Instrumenten oder Werkzeugen schaffen. Zum anderen kann es zu

Entscheidungsdilemmas kommen, wenn verschiedene Methoden für den gleichen Planungsgegenstand unterschiedliche Strategien nahelegen. Hierauf wurde in jüngster Vergangenheit mit der Zusammenführung verschiedener Einzelmethoden zu einer integrativen Gesamtmethode reagiert – beispielsweise durch die Integration von Portfoliotechnik und Szenariotechnik[52], wie in Abbildung 16 dargestellt, oder durch die Verknüpfung von Portfoliotechnik und Roadmapping[53]. Ob die entsprechenden Integrativmethoden von den in der Unternehmenspraxis tätigen Entscheidern angenommen und genutzt werden, muss sich erst noch zeigen.

---

52 Vergleiche Mieke (2013, S. 66 ff).

53 Vergleiche Mieke (2012b, S. 14 ff) und Mieke (2012c, S. 37 ff).

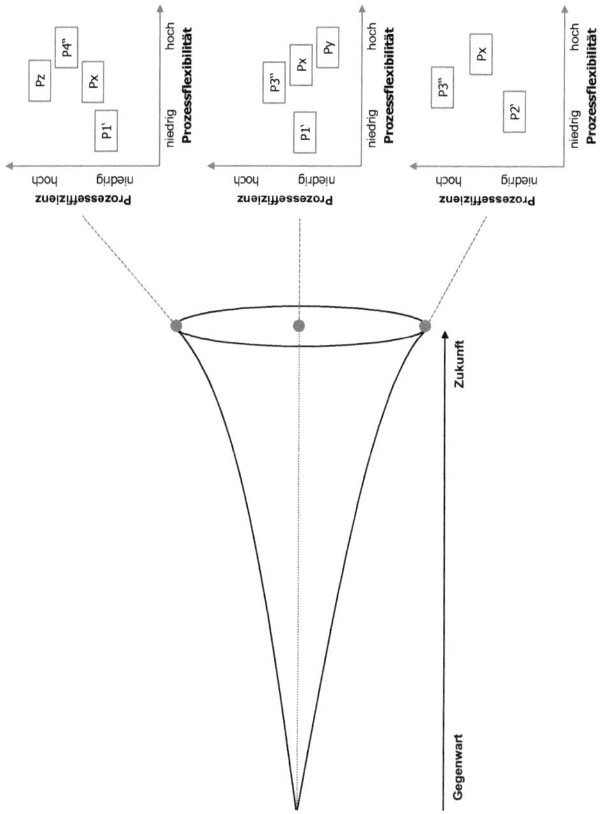


Abbildung 16: Szenarienfundierte Portfolios[54]

54 Mieke (2013, S. 69).

# 4 Technologievorausschau

## 4.1 Szenariotechnik

- *Problemstellung:* Analyse in der Zukunft liegender Entwicklungen und Erfassung und Abbildung verschiedenartiger Zukunftszustände
- *Zielgruppe:* Strategieplaner, Geschäftsfeldplaner, Geschäftsführer, Technologiefrühaufklärer
- *Voraussetzungen:* Methodenkenntnisse, Ressourcen für Informationserfassung und Informationsauswertung und Fähigkeit zum Querdenken

### Zielsetzung der Szenariotechnik

Die Szenariotechnik unterstützt den Blick in die Zukunft. Sie wird vor allem bei weit in die Zukunft reichenden Analysen und Planungen genutzt. Vorschauzeiträume von zehn bis zwanzig Jahren sind keine Seltenheit – sogar dreißig Jahre kann man in der Praxis finden. Der Einsatzschwerpunkt der Szenariotechnik liegt in der Vorausschau und Frühaufklärung, aber teilweise auch in der Planung.[55] Ihre Nutzung ist nicht auf die Bereiche des Technologie- und Innovationsmanagements begrenzt. Auch Zukunftsbilder ganzer Kontinente, Länder, Märkte oder Branchen können damit aufgezeigt werden.[56]

Ziel der Szenariotechnik ist weniger im vermeintlichen Anspruch einer sicheren Zukunftsprognose, als vielmehr im Aufzeigen alternativer, stark voneinander abweichender, jedoch jeweils möglicher Zukunftszustände zu se-

---

[55] Vergleiche Geschka & Hammer (1990, S. 314).

[56] Vergleiche Bonnet & Olson (1998) und Druwe (1992).

hen.[57] Sie erhöht dadurch die Sensibilität für die Unvorhersagbarkeit der Zukunft und für verschiedene, realistisch mögliche Zukunftszustände. In der Regel werden Entscheider zur Erarbeitung flexibler oder alternativer Pläne, wie auch zum aktiven Einwirken auf zukunftsbestimmende Parameter motiviert. Dadurch ergeben sich für gewöhnlich positive Aspekte auf die organisationale Flexibilität.

### Beschreibung der Szenariotechnik

Mit Hilfe der Szenariotechnik kann man die gegenwärtige Lage eines Untersuchungsfeldes analysieren und Zukunftsbilder – mindestens zwei – zur künftigen Situation des Untersuchungsbereiches entwickeln. Weil sich die Szenariotechnik mit ihrer Vorherbeschreibung auf einen weit in der Zukunft liegenden Zeitpunkt bezieht und nicht von der Existenz der Zeitstabilitätshypothese – vereinfacht gesagt: alles bleibt so wie es ist – ausgegangen werden kann, nutzt sie nicht die Ansätze der Trendextrapolation und einfachen Fortschreibung von Vergangenheitsentwicklungen. Sie untersucht vielmehr die künftigen Einfluss- und Störfaktoren, analysiert deren Entwicklung und Interdependenzen und etwaige Reaktionen von Akteuren. Auf diese Art werden verschiedene, häufig diametral angeordnete Extremszenarien entworfen. Sie bilden gewissermaßen die Pole, zwischen denen die reale Entwicklung vermutlich liegen wird. Die Szenariotechnik stellt nicht darauf ab, mit ihrer Zukunftsprognose nah an der zum späteren Zeitpunkt real eintretenden Entwicklung zu liegen. Sie zeigt vielmehr den Raum der Möglichkeiten und sensibilisiert für mögliche Ausprägungen der Zukunft und für die Verschiedenartigkeit potenzieller künftiger Entwicklungen.

---

57 Vergleiche Gausemeier, Fink & Schlake (1996, S. 90) und Reibnitz (1997, S. 403).

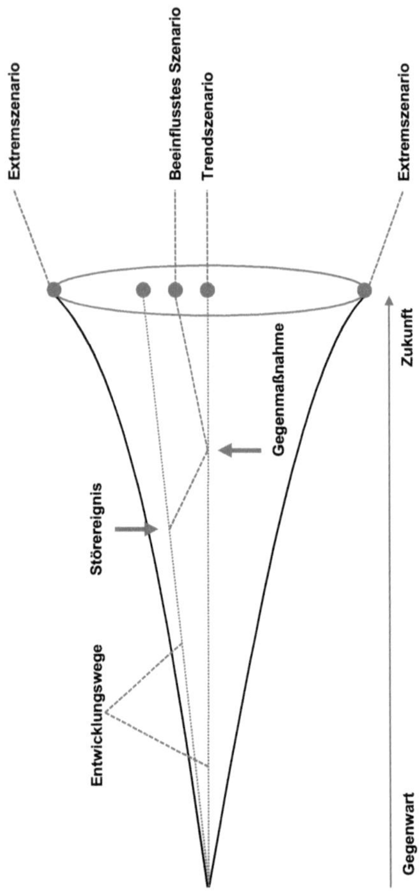


Abbildung 17: Szenariotrichter – Denkmodell der Szenariotechnik[58]

---

[58] Modifiziert nach Geschka & Hammer (1990, S. 315).

Ein umfangreicher schriftlicher Bericht stellt in der Regel das Ergebnis einer Szenariostudie dar. Dies ist in der Regel ein Textdokument. Darin werden das Untersuchungsfeld vorgestellt, die methodische Herangehensweise dargelegt und die Szenarien im Detail beschrieben. Ein Schaubild wie das in Abbildung 17 dargestellte abstrakte Denkmodell der Szenariotechnik findet sich darin häufig nicht. Allerdings etablieren sich in der Praxis zunehmend Formen der Visualisierung der Ergebnisse, etwa in Form des Zukunftsraummappings. Dies ist der Forderung nach einer Aufbereitungsform geschuldet, welche die leichtere Verständlichkeit komplexer Sachverhalte unterstützt. Das Ergebnis – mindestens zwei Zukunftsbilder – beschreibt mögliche Zukunftszustände zu einem definierten Zeitpunkt. Die Entwicklung dorthin, etwaige Zwischenschritte und Zwischenzustände sind in der Regel nicht originärer Bestandteil der Studie.

### Anwendungsbereich und Anwendungsprozess

Szenarioanalysen werden im Rahmen des Technologie-, Forschungs-, Entwicklungs- und Innovationsmanagements in erster Linie zur Frühaufklärung eingesetzt. Häufig wählt man dabei keinen engen technologischen Fokus, sondern nimmt eine weiter gesteckte, eher gesellschaftlich ausgerichtete, branchenbezogene oder technologiefeldgeleitete Perspektive ein. Teilweise erstellen Unternehmen diese Studien selbst. Häufig werden Beratungs- oder Forschungsinstitute beauftragt. Dies ist darauf zurückzuführen, dass umfangreiche Recherche- und Analysetätigkeiten in einer Vielzahl von Bereichen vorzunehmen sind, die gegebenenfalls außerhalb des Aktions- und Erfahrungsraumes der beauftragenden Unternehmung liegen. Gelegentlich finden sich auch verschiedene Organisationen zusammen und erstellen entsprechende Studien im

Rahmen von Kooperationen. Auch eine Veröffentlichung der Studie ist nicht unüblich. Viele, vor allem kleinere Unternehmen greifen für ihre Vorausschauaktivitäten auf bestehende Szenariostudien zurück und binden diese in ihre Analyseprozesse ein. Dadurch vermeiden sie in erheblichem Umfang die Entstehung von Kosten, müssen allerdings die der Sekundärforschung generell anhaftenden Nachteile tragen.

Das Vorgehen der Szenariotechnik kann man unterschiedlich abgrenzen. Eine weit verbreitete und in Abbildung 18 skizzierte Phaseneinteilung unterscheidet acht Bereiche, die wiederum vier Ebenen zugeordnet werden.[59]

[59] Vergleiche Geschka (2002, S. 320).

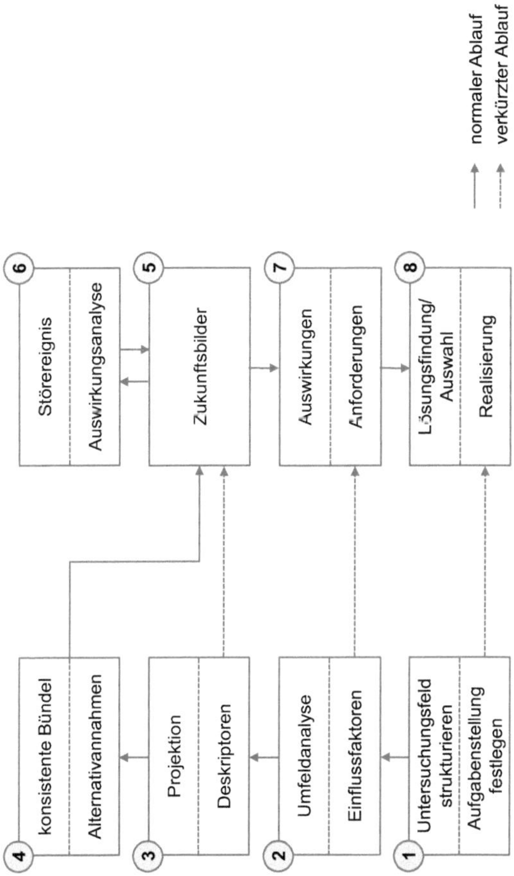


Abbildung 18: Vorgehen bei der Szenariotechnik[60]

[60] Geschka (2002, S. 320).

Zunächst muss man das Untersuchungsfeld eingrenzen und strukturieren. Ohne klare Abgrenzung werden Analysen nicht zielgerichtet erfolgen können und Ressourcen nur ineffizienten Einsatz finden. Die Untersuchung von Einflussfaktoren und die Analyse des Umfeldes bilden wesentliche Aspekte für die Qualität der Vorausschau. Werden hier Zusammenhänge nicht detailliert aufgedeckt, kann dies zu unvollständigen oder gar unzutreffenden Zukunftsbildern führen. Für die Einflussgrößen werden Zukunftsprojektionen erarbeitet – durchaus mit alternativen Ausprägungen. Nachfolgend werden diese zu konsistenten Bündeln zusammengefasst. Nicht jede Ausprägung ist beliebig mit jeder Ausprägung eines anderen Faktors kombinierbar – manche schließen sich aus. Im Folgenden werden Zukunftsbilder erarbeitet. Diese werden in einer Iterationsschleife mit möglichen Störereignissen konfrontiert und gegebenenfalls angepasst. Letztlich erfolgt die Beschreibung der Auswirkungen aus den sich ergebenden Szenarien.

Szenariostudien verlangen nach umfassender Datenbasis, wobei nicht alle Daten in quantitativer und valider Form vorliegen müssen. Häufig werden Annahmen getroffen und qualitative Ansätze genutzt. Neben der Datenverfügbarkeit ist eine profunde Kenntnis von Interdependenzen und potenziellen Auswirkungen erforderlich. In der Regel ist die Einbeziehung verschiedener Experten förderlich. Szenariostudienprojekte werden häufig in Experten-Workshops bearbeitet, die ein interdisziplinäres Wissensspektrum widergeben. Der achte Schritt der Szenariotechnik, die Lösungswahl und Umsetzung, ist von Bedeutung, wenn die Szenariotechnik als Planungswerkzeug eingesetzt wird. Findet sie als Vorausschaumethode Anwendung, ist dieser Schritt unter Umständen nur allgemein ausgeprägt oder gar nicht vorhanden.

## Weiterführende Hinweise

Die Szenariotechnik ist ein leistungsfähiges Werkzeug der Zukunftsvorausschau. Ihre Aussagekraft hängt von der Mitwirkung ausgewiesener Experten und der Integrationsfähigkeit abweichender Ansichten ab. Dennoch stellen umfassende Analysen und die Einbindung von Experten notwendige, aber keine hinreichenden Bedingungen für eine gute Szenariostudie dar. Das Berücksichtigen von Fachleuten, deren Meinungen vom so genannten Mainstream abweichen, kann sich als vorteilhaft erweisen. Allerdings darf das in die Zukunft Schauen nicht zu einem unsystematischen „Spinnen" verkommen. Die Balance zu wahren, ist Aufgabe erfahrener Moderatoren und Projektleiter.

Zur Durchführung einer gehaltvollen Studie, sind finanzielle Ressourcen und zeitliche Freiräume einzuplanen, da man den Analyse- und Bewertungsaufwand nicht unterschätzen sollte. Finden die Ergebnisse der Studie in etwaigen Planungen Berücksichtigung, sollte man in einer später erfolgenden Rückschau nicht dem Irrglauben erliegen, dass die Szenariostudie schlecht gewesen sei, wenn sich die Zukunft nun doch nicht in einer der prognostizierten Extremformen eingestellt hat. Vielmehr sollte man erkennen, dass mit der Szenariotechnik zum einen der Raum der Möglichkeiten lediglich aufgezeigt und die – zugegebenermaßen nicht sonderlich wahrscheinlichen – Randpunkte verdeutlicht werden sollten. Zum anderen führt die Extremdarstellung im Allgemeinen zu Planungen, die ordnend auf die Entwicklung einwirken und somit Gestaltungswirkung entfalten und eine andere Zukunft entstehen lassen können.

## 4.2 Roadmapping

- *Problemstellung:* Sichtbarmachen technologischer Entwicklungslinien für Zukunftsvorausschau und Planung
- *Zielgruppe:* Technologiefrühaufklärer, Technologie- und Innovationsplaner, F&E-Leiter, F&E-Controller, Geschäftsführer, Produktionsleiter
- *Voraussetzungen:* Bereitschaft zur Befassung mit unsicheren Zukunftsentwürfen, Recherche- und Analysekompetenz und Zugriff auf Informationsquellen

### Zielsetzung des Roadmapping

Das Roadmapping zeigt Pfade in die Zukunft. Die Methode strukturiert in Form visueller Darstellungen – den so genannten Roadmaps – den Verlauf komplementärer oder auch konkurrierender Zukunftsverläufe. Als Objekte, deren Entwicklung visualisiert wird, kommen die verschiedensten Planungsgegenstände in Frage wie Technologien, Produkte, Prozesse, Projekte oder Kompetenzen. Ziel ist die fokussierte Abbildung von Trends in einem Untersuchungsbereich. Die Darstellung soll nicht nur das Ergebnis einer Entwicklung offenbaren, sondern auch die Zwischenschritte detailliert aufzeigen,[61] wobei Verfügbarkeitszeitpunkte ausgewiesen werden.[62] Das Roadmapping soll dadurch Planungen für unterschiedliche Zeithorizonte unterstützen. Durch die universelle An-

---

[61] So wird auch technologische Evolution sichtbar (vergleiche Bucher, Mitterdorfer & Tschirky 2002, S. 28).

[62] Vergleiche Specht, Behrens & Kahmann (2000, S. 42).

wendbarkeit der Methode lassen sich Brüche zwischen verschiedenen Planungsfeldern reduzieren – etwa zwischen Geschäftsfeldplanung einerseits und Technologieplanung andererseits – und komplexe Transformationsvorschriften minimieren.

## Beschreibung des Roadmapping

Roadmaps visualisieren als Entwicklungspläne die Wege zu einem avisierten Zielzustand – ähnlich einer Straßenkarte.[63] Die Methode entwickelte sich als planungsbezogenes Werkzeug innerhalb des Technologie- und Innovationsmanagements. Aufgrund ihrer Fähigkeit, Zwischenstufen von Entwicklungen ausweisen zu können, wurde sie jedoch rasch auch in der Technologievorausschau eingesetzt. Ihr *zeitraumbezogener* Betrachtungsfokus passt häufig besser zu den Herausforderungen betrieblicher Planer als der *zeitpunktbezogene* Ansatz der Szenariotechnik. Roadmaps – wie in Abbildung 19 dargestellt – bilden das Ergebnis eines strukturierten Such- und Analyseprozesses mit intuitiven und kreativen Elementen.

Roadmaps zeigen zum Beispiel für den Bereich der Technologievorausschau

- welche Technologien künftig verfügbar sein werden,
- wie diese miteinander in Beziehung stehen und
- zu welchem Zeitpunkt sie genutzt werden können.

Diese Aspekte bilden Kernbereiche eines systematischen Technologie- und Innovationsmanagements.

---

[63] Vergleiche Vinkemeier (1999, S. 18).

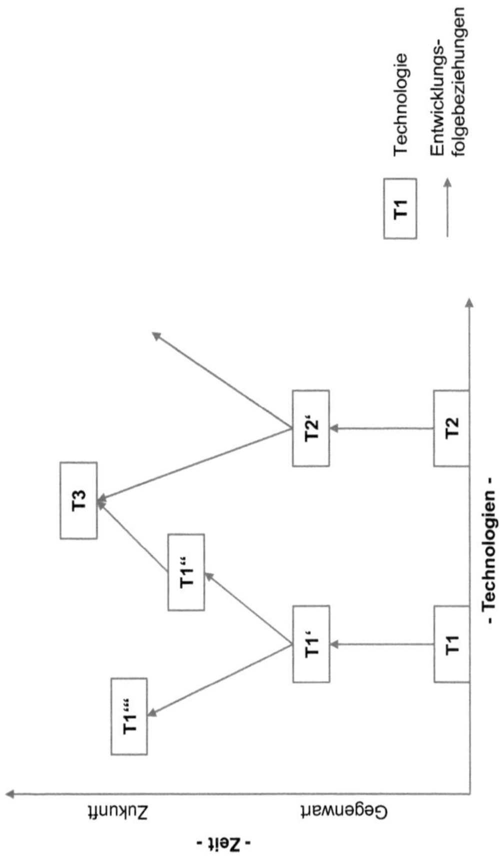


Abbildung 19: Technologie-Roadmap[64]

64 Modifiziert nach Specht, Behrens & Kahmann (2000, S. 42).

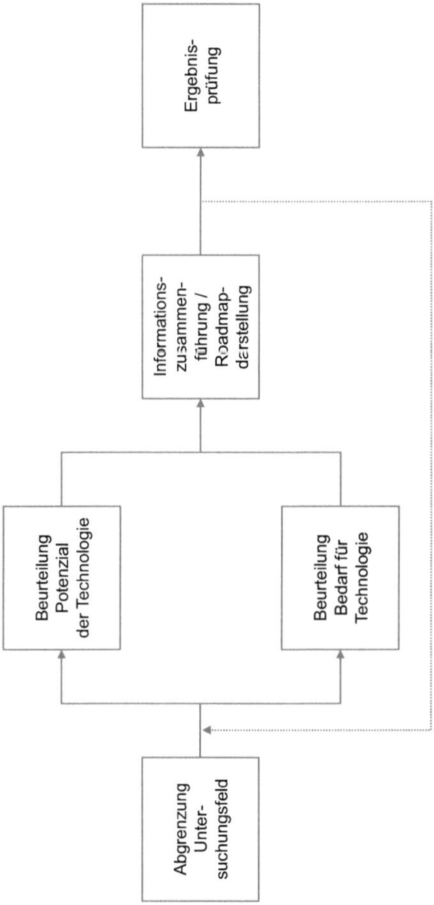


Abbildung 20: Prozess des Roadmapping[65]

---

[65] Specht & Behrens (2008, S. 153).

### Anwendungsbereich und Anwendungsprozess

Vorrangige Anwendungsfelder liegen sowohl in den Bereichen Technologievorausschau und Technologieplanung als auch in der Produkt- und Geschäftsfeldplanung. Ob sich eine vermehrte Anwendung auch in anderen Planungsfeldern durchsetzt, bleibt abzuwarten. Der Prozess des Roadmapping variiert deutlich nach Anwendungsgebiet und spezieller Ausführungsvariante, wodurch sich in letzter Zeit verschiedene Formen des Roadmapping entwickelt haben. Eine häufig empfohlene Grundform bildet das einfache Roadmapping, das sich in vier Phasen gliedert, die in Abbildung 20 aufgeführt sind.[66]

Im ersten Schritt werden die zu untersuchenden Objekte wie zum Beispiel Technologien eingegrenzt. Dabei ist eine Balance zwischen starker Eingrenzung des Umfangs der zu untersuchenden Technologien und weiter Auslegung des Suchfeldes zu finden. Ein knapper Zuschnitt des Untersuchungsfeldes wird durch die Forderung nach effizienten Suchprozessen und detaillierten Analysen der einbezogenen Objekte befördert. Für eine weite Auslegung des Suchraumes spricht insbesondere das Ziel der vollständigen Abbildung des relevanten Betrachtungsbereiches zur fundierten Planung und Risikoabwehr. Da regelmäßig große Gefahren von Konkurrenztechnologien ausgehen, die oftmals zu spät entdeckt werden, um auf sie angemessen und planvoll reagieren zu können, dürfte bei der Suchraumabgrenzung häufig nicht die technologische Wirkungsweise und deren Weiterentwicklungsmöglichkeiten das Suchfeld definieren, sondern das zu lösende technische Problem als Abgrenzungskriterium zum Einsatz kommen. Somit wird es möglich, auch auf anderen

---

[66] Vergleiche Specht & Behrens (2008, S. 153).

Wirkprinzipien basierende, aber auf die gleiche Problemstellung zielende Technologien zu erkennen und zu berücksichtigen.

Im zweiten und dritten Schritt werden Bedarf und Potenzial der Technologien analysiert und prognostiziert. Hier finden auch die beiden Triebkräfte technologischer Entwicklung, Marktsog und Technologiedruck, Eingang in die Untersuchung. Fordern Nachfrager beispielsweise bestimmte Produktfunktionen, die man durch Technologien realisieren könnte, so löst dies einen Bedarf nach derartigen Technologien und unter Umständen auch nach weiteren Technologien aus, die das Zusammenwirken dieser mit anderen Technologien in einem technischen System organisieren. In vielen Fällen, gerade bei radikalen Neuerungen, können Anwender ihre Wünsche nicht technologiebezogen formulieren, da ihnen der Überblick über die technischen Möglichkeiten fehlt. Hier müssen Technologiebewerter das technische Potenzial erkennen und auch für die Zukunft abschätzen.

Der vierte Schritt führt die im zweiten und dritten Schritt untersuchten Technologien in einer Roadmap zusammen. Es werden technologische Abhängigkeiten, Entwicklungsfolgebeziehungen und Verfügbarkeitszeitpunkte aufgedeckt und benannt. Hierbei werden auch Interdependenzen noch einmal genauer untersucht. Gelegentlich finden sich in dieser Phase noch weitere Technologien, die in die Roadmap-Studie einzubeziehen sind. In diesem Fall werden die Schritte zwei und drei erneut durchlaufen und in Schritt vier überführt, um in der Gesamtschau alle relevanten Technologien und Abhängigkeiten vollständig darzustellen.

Im fünften und letzten Schritt überprüft man die Angaben in der Roadmap auf Vollständigkeit und Konsistenz. Die

Erfahrung zeigt, dass nach analytischen und kreativen Prozessen eine Evaluation und Bewertung sinnvoll ist, die deutlich von den vorangegangenen Phasen abgegrenzt ist. Durch zeitlichen Versatz, andere Gruppenkonstellationen und veränderte Sichtweisen auf den Bearbeitungsgegenstand soll eine unabhängige und unvoreingenommene Überprüfung der Arbeitsergebnisse erreicht werden. Werden Lücken oder Unstimmigkeiten aufgedeckt, sollte man diese durch Rücksprung in die Vorphasen beheben.

Die Erstellung von Roadmaps obliegt in der Regel nicht einzelnen Bearbeitern. Vielmehr werden dazu Teams gegründet – vor allem, wenn noch keine Roadmaps vorliegen. Im Rahmen der Technologieanalyse wendet man weitere Instrumente des Technologie- und Innovationsmanagements an: Expertenbefragungen, Delphi-Studien, Publikations- und Schutzrechtsanalysen und teilweise auch Conjoint-Analysen befördern die Informationserzeugung. TRIZ, Lebenszyklusansätze und weitere Bewertungstechniken unterstützen die Interpretation, Beurteilung und Anreicherung der gewonnenen Informationen. Zur Einbindung weiterer Informationskanäle, zur Einbeziehung unterschiedlicher Beurteilungsschemata und zur Aufteilung von Kosten für den Technologievorausschauprozess führen Unternehmen Roadmapping-Projekte zunehmend auch in technologieorientierten Gruppen und Kooperationen durch. Dies ermöglicht ihnen, auch kooperative Forschungs- und Entwicklungsvorhaben anzubahnen und Vertrauen zu etwaigen Partnern aufzubauen. Eine große Sorge der Unternehmen in kooperativen Arrangements ist auf die Konsequenzen eines möglicherweise auftretenden und ungewollten Wissensabflusses gerichtet.[67] Hier wurden in der betrieblichen Praxis in der

---

[67] Vergleiche Specht & Mieke (2006, S. 275).

jüngeren Vergangenheit jedoch einige Hilfsmittel entworfen und erprobt, die diese Gefahr deutlich entschärfen.

**Weiterführende Hinweise**

Roadmaps sehen häufig sehr einfach aus. Dies ist beabsichtigt. Sie sollen komplexe Sachverhalte übersichtlich darstellen. Daraus sollte man nicht ableiten, dass der Erstellungsprozess wenig aufwändig und intuitiv möglich sei. Die strukturierte Vorgehensweise, der Zugang zu relevanten Informationskanälen und das Geschick bei der Informationsauswertung und Informationszusammenführung ermöglichen erst übersichtliche, aber eben auch stichhaltige Roadmaps. Roadmapping wurde immer mehr zu einer Meta-Methode entwickelt, die weite Teile des Technologiemanagements wie auch der Innovationsprozesse überspannen kann. Dies vermindert aufwändige Transformationsprozesse und ermöglicht effiziente Anpassungsvorgänge. Es finden sich sogar Ausweitungen auf andere Managementfelder. So existieren mittlerweile neben Technologie-Roadmaps etwa auch Produkt-Roadmaps für die Geschäftsfeldplanung, Kompetenz-Roadmaps im Personalentwicklungsbereich, Projekt-Roadmaps im Forschungs- und Entwicklungsmanagement und Prozess-Roadmaps für die strategische Produktionsprozess- und Produktionspotenzialplanung. Dadurch kann man den Integrationsgrad betrieblicher Planung erhöhen und etwaige Reibungsverluste verringern.

Gelegentlich wird beklagt, dass bei aller Vorteilhaftigkeit des Roadmapping einige für Unternehmen relevante Aspekte nicht in Roadmaps ersichtlich sind. So wird zum Beispiel kritisiert, dass zukunftsinhärente Unsicherheiten nicht berücksichtigt oder Technologiecharakteristika wie Marktsog oder Technologieattraktivität nur ungenügend integrativ dargestellt werden. Auf diese Anregungen wurde mit einer Weiterentwicklung der Ursprungsmethode reagiert. Man findet nun auch angereicherte Roadmap-Formen wie szenariobasierte Roadmaps[68] oder portfoliogestützte Roadmaps[69], wie sie in Abbildung 21 beziehungsweise Abbildung 22 aufgeführt sind.

[68] Vergleiche Geschka & Hahnenwald (2009, S. 686 ff) und Mieke (2006, S. 120 ff).

[69] Vergleiche Mieke (2012b, S. 14 ff) und Mieke (2012c, S. 37 ff).

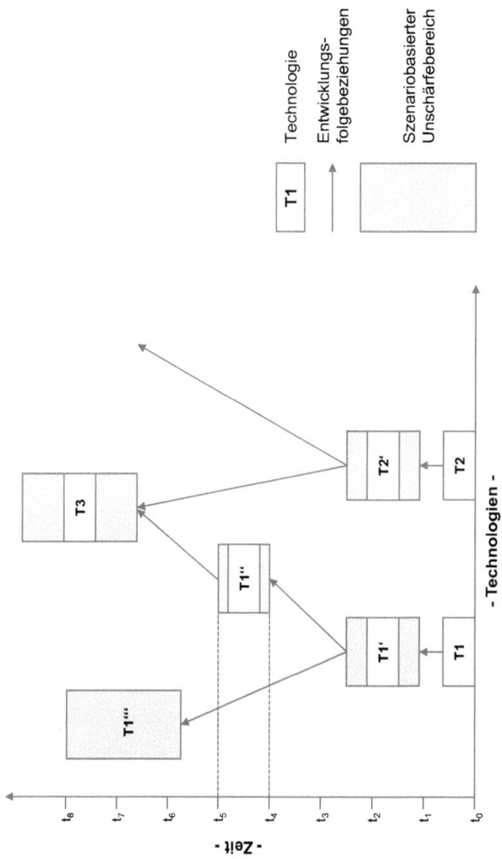


Abbildung 21: Szenariobasierte Roadmap

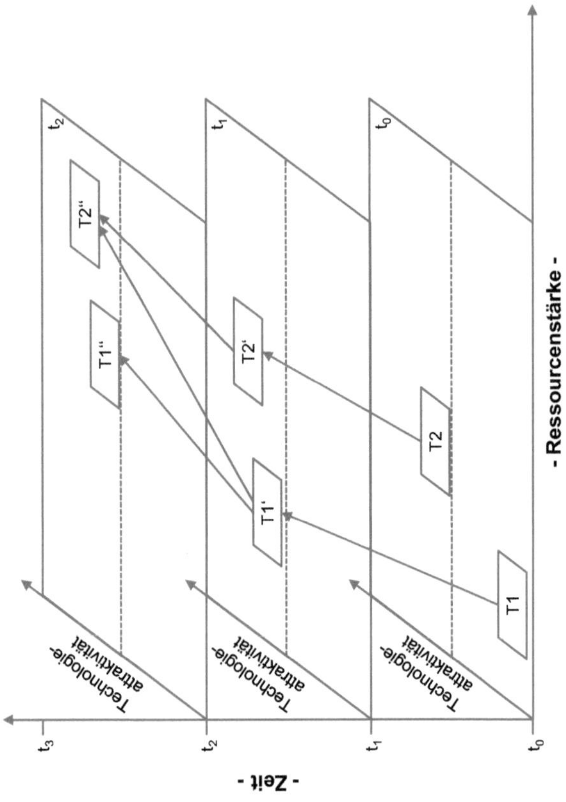


Abbildung 22: Portfoliogestützte Roadmap[70]

[70] Modifiziert nach Mieke (2012c, S. 40).

# 5 Ideenfindung

## 5.1 Brainstorming und Brainwriting

- *Problemstellung:* Kreative Erzeugung von Ideen und Problemlösungsansätzen möglichst abseits bekannter Lösungsvarianten
- *Zielgruppe:* Technologieplaner, F&E-Mitarbeiter, Geschäftsfeldplaner, Produktmanager, Kreativgruppen
- *Voraussetzungen:* Kreatives Umfeld, interdisziplinäre Gruppe und Abwesenheit dominanter Vorgesetzter

**Zielsetzung des Brainstormings und Brainwritings**

Die Methoden Brainstorming und Brainwriting zählen zu den etablierten Kreativitätstechniken, wobei man unter Kreativität die Fähigkeit versteht, etwas Neues, Nützliches oder Unerwartetes zu schaffen. Inwiefern diese menschliche Fähigkeit durch eine Methode angeregt, erhöht oder zum gewünschten Zeitpunkt in erhoffter Weise erzeugt werden kann, ist eine viel diskutierte Frage. Einerseits lassen sich zahlreiche Beispiele finden, die belegen, dass Menschen ohne Anwendung etablierter Kreativitätstechniken kreativ in ihrem Denken und Handeln sein können. Andererseits zeigt die Praxis, dass es Menschen gibt, die nur über unterdurchschnittlich ausgeprägte kreative Fähigkeiten verfügen. Inwiefern Kreativitätstechniken in diesen Fällen Nutzen stiften, kann nicht abschließend beantwortet werden. Allerdings ist davon auszugehen, dass in Unternehmen zahlreiche Mitarbeiter beschäftigt sind, die sich selbst als nicht besonders kreativ einstufen, die jedoch über ein Kreativitätspotenzial verfügen, das durch den Einsatz entsprechender Methoden aktiviert werden kann.

Mit Hilfe von Kreativitätstechniken will man abseits bisheriger Problemlösungswege neue Pfade anlegen und in bislang nicht bearbeitetes Terrain vordringen. Sie finden vielfach Anwendung, werden jedoch gelegentlich zu unsystematisch und zu oberflächlich eingesetzt, was teilweise zu unbefriedigenden Ergebnissen führt. Kreativitätstechniken kommen immer dann zum Einsatz, wenn Neuartiges hervorgebracht werden soll – neue Geschäftsideen, neue Produkte, neue Technologien, neue Prozesse oder neue Organisationsformen. Sie zielen weniger auf eine analytisch-systematische Problemlösung als vielmehr auf die Stimulierung des kreativen Potenzials von Mitarbeitern. Abbildung 23 macht die Abgrenzung von Kreativitäts- und analytischen Problemlösungstechniken deutlich.

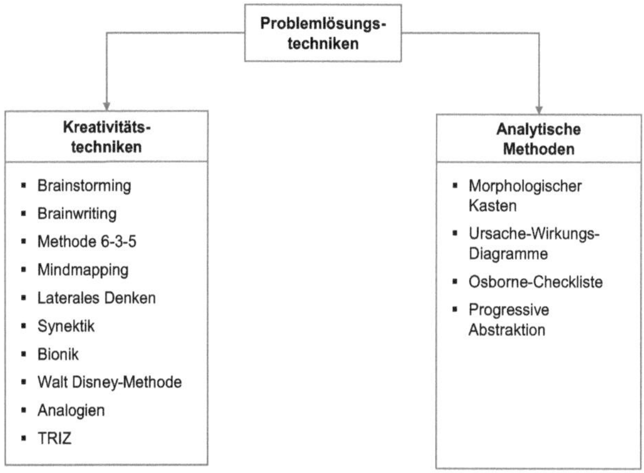


Abbildung 23: Problemlösungstechniken

Bei der Anwendung von Brainstorming und Brainwriting in Gruppen soll ein kreativer Fluss durch Kopplung verschiedenartiger Denk- und Lösungsweisen initiiert werden. Man erhofft sich Vorschläge, die von aktuellen Lösungsmustern abweichen. Gerade in Unternehmen, die sich in dynamischen Umfeldern und Wettbewerbssituationen befinden, sind radikale Innovationen oft Voraussetzung für die langfristige Überlebenssicherung der Organisation. Aber auch Unternehmen in vermeintlich stabilen Umgebungen und traditionellen Branchen sollten die Gefahr von Substitutionsprodukten nicht unterschätzen und daher permanent nach neuen Lösungen suchen.

### Beschreibung des Brainstormings und Brainwritings

Die Methoden Brainstorming und Brainwriting sind Kreativitätstechniken, die aus methodischer Sicht keine hohen Anforderungen an die Teilnehmer stellen.[71] Dies ermöglicht ihren schnellen Einsatz auch bei Mitarbeitern, die bislang nicht mit der Erzeugung von Neuprodukt- oder Neuprozessideen befasst waren. Allerdings hat sich in der Praxis gezeigt, dass die Techniken nur dann ihre volle Wirkung entfalten, wenn einige Regeln bei der Durchführung beachtet werden:

So empfiehlt sich der Einsatz eines mit der Methode vertrauten Moderators, der auf die Einhaltung der formalen Vorgaben drängt. Bei diesem Hinweis regt sich gelegentlich Widerstand: Kann Kreativität durch die Einhaltung starrer Regeln befördert werden, oder wird sie dadurch nicht gerade eingeschränkt? Der Moderator soll und kann keinen einheitlichen Weg zur Kreativität beschreiben und

---

[71] Brainstorming wurde durch Osborn (1963) der wissenschaftlichen Diskussion zugeführt.

soll auch keinen Teilnehmer auf einen bestimmten Pfad zwingen. Vielmehr sorgt er für eine Atmosphäre, die das Entstehen von Kreativität unterstützt. Ein derartiges Klima ist beispielsweise dadurch gekennzeichnet, dass keine Kritik an den artikulierten Vorschlägen geübt, keine Bewertung oder Priorisierung von Ideen vorgenommen und keine Reputationswettbewerbe ausgetragen werden.[72] Es soll zu einem freien Äußern von Gedanken aller Teilnehmer kommen, wobei Äußerungen anderer Teilnehmer als Ausgangspunkt eigener, weiterer kreativer Überlegungen dienen können. Zahlreiche Ideen werden in der artikulierten Form nicht durchführ- oder umsetzbar sein. Aber gerade das Ausblenden der Machbarkeitsforderung lässt für gewöhnlich Ideen entstehen, die ein hohes Maß an Neuartigkeit aufweisen und die unter Umständen leicht modifiziert realisiert oder durch nachgeschaltete Anpassungsprozesse in eine ausführbare Form gebracht werden können, was möglicherweise zunächst gar nicht so eingeschätzt worden war.

### Anwendungsbereich und Anwendungsprozess

Bei der Erzeugung neuer Leistungsangebote, also beim Entwickeln neuer Produkte und Dienstleistungen, nutzen Unternehmen immer wieder Kreativitätstechniken. Diese werden in unterschiedlichen Gruppen und Teams eingesetzt: Vielfach bittet man Anwender und Kunden um Impulse für neue Produktfunktionen oder fordert Mitarbeiter aus dem Produktionsbereich auf, Vorschläge für die Neuproduktgestaltung zu unterbreiten – beispielsweise mit dem Ziel einer erhöhten Produktionsgerechtigkeit. In anderen Fällen kommen Forschungs- und Entwicklungsmitarbeiter oder crossfunktionale Teams aus Forschung

---

[72] Vergleiche Schlicksupp (1992, S. 103 f).

und Entwicklung, Marketing, Produktion oder Controlling zusammen, um neue Produktideen zu kreieren. Diesen Prozess des Brainstormings kann man in sechs Phasen gliedern, die in Abbildung 24 dargestellt sind.

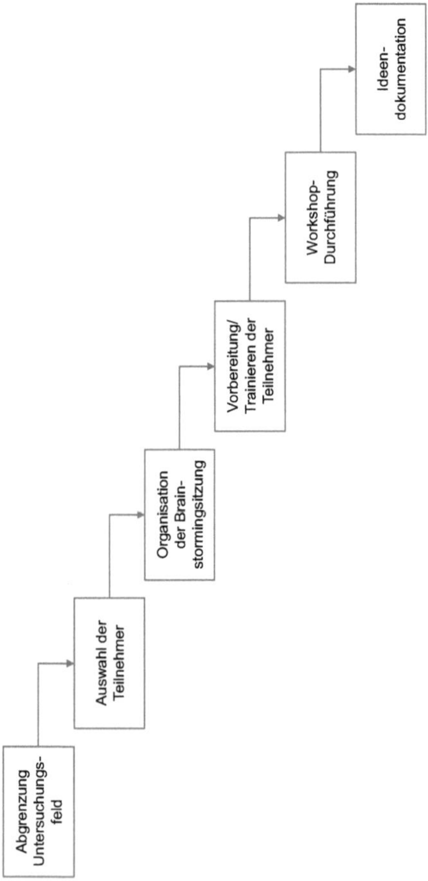


Abbildung 24: Phasen des Brainstormings

Zu Beginn eines Brainstorming- beziehungsweise Brainwritingvorhabens steht die Abgrenzung des Arbeitsgegenstandes und die Entwicklung einer Aufgabenstellung: Wofür wird eine neue Lösung gesucht? Eine klare Problemeingrenzung hilft dabei, gute Lösungen für die zentrale Herausforderung zu finden. Benötigt ein Automobilhersteller Ideen für ein neues Antriebskonzept, sollte er nicht formulieren: „Wie sieht das Auto der Zukunft aus?" Dies könnte zu durchaus innovativen Ideen in Bezug auf Bremssysteme, Bedienungssystemanordnung oder Einstiegsunterstützung führen, unter Umständen aber keinen neuen Ansatz für die Hauptherausforderung „Antriebskonzept" hervorbringen.

Nach der Definition der Aufgabenstellung erfolgt die Auswahl der Teilnehmer. Eine heterogene Teilnehmerschaft entwickelt in der Regel eine Vielzahl an Lösungsansätzen und verhindert das Verbleiben in traditionellen Lösungskorridoren. So können etwa Biologen durch ihre Kenntnis der Fortbewegungsmechanismen von Lebewesen innovative Ansätze für Automobilantriebe einbringen. Auch wenn Interdisziplinarität und Heterogenität der Teilnehmer Voraussetzungen zur Entwicklung zielführender Ansätze darstellen, scheint die Einbeziehung von Personen ohne jeglichen Bezug zur Thematik nicht zielführend. Das heißt, man wird in der Praxis eher nicht auf Finanzmarktexperten oder Juristen zurückgreifen, um Ideen für innovative Automobilantriebskonzepte zu erhalten. Insofern sind bei der Gruppenzusammensetzung stets beide Kriterien in den Blick zu nehmen: Heterogenität und Themenbezug.

Daran anknüpfend wird man die Zusammenkunft der Teilnehmer organisieren, den Moderator bestimmen – gelegentlich werden bei überwiegend unerfahrenem Teilnehmerfeld vorbereitende Übungen eingeflochten – und den Workshop unter Einhaltung kreativitätsfördernder Regeln durchführen.[73] Abbildung 25 enthält einen Auszug bewährter Regeln. Das Festhalten der in der Kreativsitzung erzeugten Ideen erleichtert die spätere Bewertung. Das Protokollieren der Ideen im Rahmen einer Brainstormingsitzung kann an Moderationswänden durch Mindmaps oder durch Videoaufzeichnungen erfolgen. Beim Brainwriting werden die Ideen nicht ausgesprochen, sondern aufgeschrieben, so dass hier eine gesonderte Aufnahme im Moment der Artikulation nicht erfolgt. Allerdings ist beim Brainwriting die Archivierung der Ideenblätter für die spätere Verarbeitung der Ansätze von großer Bedeutung.

| **unerwünscht** | **erwünscht** |
| --- | --- |
| ▪ Kritik während der Sitzung<br>▪ Unstrukturiertes Gesamtvorgehen<br>▪ Bewertung von Ideen | ▪ Spontanes und wertungsfreies Einbringen von Ideen<br>▪ Generierung einer Vielzahl von Lösungsvorschlägen<br>▪ Weitergabe und Aufgreifen von Ideen innerhalb der Gruppe |

Abbildung 25: Verhaltenshinweise für Brainstormingsitzungen

Eine besondere Form des Brainwritings stellt die Methode 6-3-5 dar. Hier beteiligen sich sechs Akteure an der kreativen Ideenfindung. Sie schreiben je drei Lösungsansätze auf, bevor die formulierten Ansätze an den jeweils benachbarten Teilnehmer weitergereicht werden, der die

[73] Vergleiche Majaro (1993, S. 176).

Ideen des Vorgängers aufgreift und durch eigene Ideen anreichert. Die Weitergabe der Ideenblätter erfolgt fünfmal, so dass jeder Teilnehmer jedes Ideenblatt einmal bearbeitet.[74] Der Name 6-3-5 umfasst die wesentlichen Charakteristika der Methode: sechs Teilnehmer, drei Ideen, fünfmalige Weitergabe.

### Weiterführende Hinweise

Unterschiedliche Fächerkulturen, aber auch ungleiche Herkunft und Verschiedenartigkeit hinsichtlich Alter und Geschlecht können die Kreativitätsentstehung positiv beeinflussen, wenn es gelingt – und darauf muss oft aktiv hingewirkt werden –, Vorurteile und Denkbarrieren abzubauen. Aus der Praxis ist allerdings auch bekannt, dass die Zusammenführung von Personen unterschiedlicher Hierarchiestufen eines Unternehmens negative Effekte auf die Ergebnisse haben kann. Denn es kann einerseits passieren, dass Vorgesetzte Brainstorming- oder Brainwritingsitzungen dominieren und – explizit oder implizit – deutlich machen, dass sie keine abweichenden Meinungen dulden. Andererseits kann man beobachten, dass Mitarbeiter Lob bei Artikulation von Ideen erwarten, die in das Weltbild des Chefs passen, oder Sanktionen befürchten, wenn sie unpopuläre Ansichten vertreten. Alle Gedanken dieser Art behindern die Entfaltung von Kreativität, da sie berechnend und nutzenorientiert sind und eher unternehmensinterne Strukturen und Verhaltensweisen widerspiegeln, als den zur Diskussion stehenden Sachverhalt in den Mittelpunkt zu rücken.

---

[74] Vergleiche Rohrbach (1971, S. 84 f).

## 5.2 Morphologischer Kasten

- *Problemstellung:* Erarbeitung neuer Problemlösungen und Entwicklung alternativer Produkt- oder Verfahrensvarianten auf analytischem Weg
- *Zielgruppe:* F&E-Mitarbeiter, Produktionsprogrammplaner, Geschäftsfeldleiter, Stabsmitarbeiter, Produktmanager
- *Voraussetzungen:* Analytisches Geschick, kreatives Umfeld, interdisziplinäre Gruppe und Abwesenheit dominanter Vorgesetzter

### Zielsetzung des morphologischen Kastens

Der morphologische Kasten wird im Rahmen der Ideenerzeugung im Innovationsmanagement eingesetzt. Die Methode zählt zur Gruppe der analytischen Problemlösungstechniken. Es sollen – ähnlich wie bei den Kreativitätstechniken – neue Produkte oder Prozesse erarbeitet werden, die eine Marktpositionierung erlauben, die sich deutlich von denen der Wettbewerber unterscheidet. Im Fall neuer Produkte erhofft man sich, zu erhöhter Wahrnehmung, gesteigerter Nachfrage und vergrößerter Zahlungsbereitschaft seitens aktueller und potenzieller Kunden zu gelangen. Die Liste der mit dieser Methode verbundenen Erwartungen lässt schon vermuten, dass umfangreiche Neuerungen im Leistungsangebot erforderlich sind und nicht nur geringe Modifikationen oder Designänderungen. Der morphologische Kasten unterstützt die neuartige Gestaltung des Leistungsangebotes in mehreren Dimensionen und zielt nicht auf die isolierte Veränderung eines einzelnen Subsystems.

### Beschreibung des morphologischen Kastens

Der morphologische Kasten[75] zerlegt ein Objekt, beispielsweise ein reales oder ein in Planung befindliches Produkt, in seine Bestandteile. Diese Bestandteile können Module, Komponenten oder Funktionen sein. Für jede einzelne Funktion werden verschiedenartige technische Ausgestaltungsmöglichkeiten aufgenommen. So entsteht ein morphologischer Kasten mit vielen Zeilen. In jeder Zeile findet sich eine Funktion, während in den entsprechenden Spalten die jeweiligen Ausgestaltungsalternativen aufgeführt werden. Die Anzahl der Spalten kann zwischen den Zeilen variieren. Das zu entwerfende Produkt soll alle verzeichneten Funktionen aufweisen – also alle Zeilen berücksichtigen. Die Alternativen unterscheiden sich hinsichtlich der Nutzung der konkreten Ausführungsmöglichkeiten, die durch die Spalten repräsentiert werden. Vielfach werden zu diesem Zweck Profillinien durch den morphologischen Kasten gelegt, die anzeigen, auf welche Ausprägungsalternativen einzelner Dimensionen die konkrete Produktvariante zugreift. Abbildung 26 enthält einen morphologischen Kasten für das Beispiel „Uhr" und illustriert verschiedene Produktalternativen und entsprechende Profillinien.

---

[75] Die Entwicklung zu einem schlüssigen Ansatz erfolgte durch Zwicky (1966).

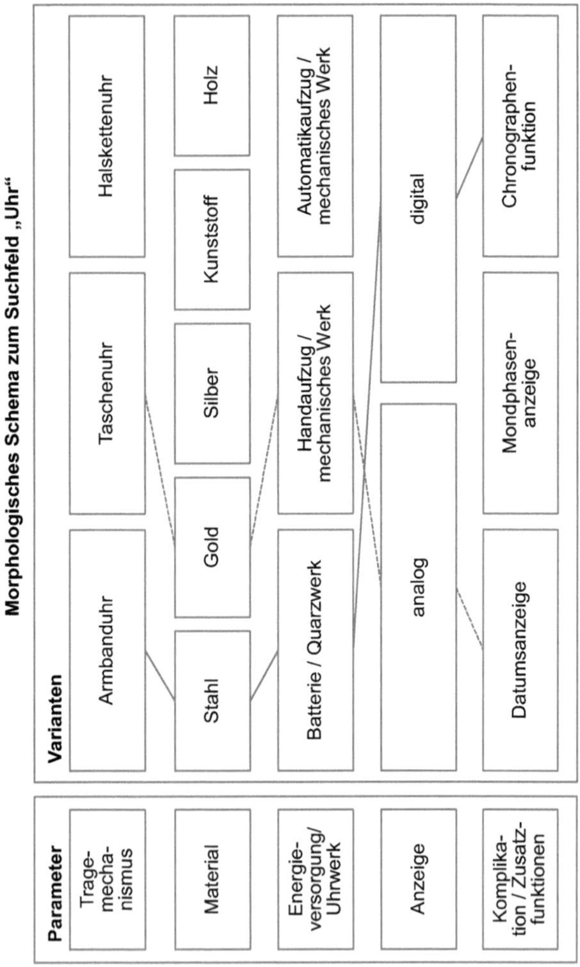


Abbildung 26: Beispiel eines morphologischen Kastens

Der Nutzen des morphologischen Kastens besteht darin, dass man sehr unterschiedliche und auch sehr innovative Produktalternativen erzeugen und gedanklich durchspielen kann. Dabei wird nicht originär auf Kreativität, sondern auf analytische Zerlegung und systematische Kombination von Merkmalsausprägungen gesetzt, um neuartige Objekte zu kreieren.[76] Insofern verfolgt man mit dem morphologischen Kasten ähnliche Ziele wie mit den Kreativitätstechniken, schlägt aber einen anderen Weg der Entwicklung von Lösungen ein.

### Anwendungsbereich und Anwendungsprozess

Der morphologische Kasten wird häufig in technischen Entwicklungsbereichen und in der Produktplanung eingesetzt. Das Instrument unterstützt sowohl das Erzeugen neuer Produkte als auch das Hervorbringen modifizierter Varianten oder die Weiterentwicklung bestehender Leistungsangebote. Vor allem Ingenieure, die in analytisch-systematischem Denken geschult sind, empfinden die Methode als effizient und zielführend. Ihnen fällt es häufig leicht, komplexe Konstrukte in ihre Dimensionen zu zerlegen und Ausgestaltungsalternativen für jede Merkmalsebene zu erzeugen. Auf diese Art und Weise können komplexe Objekte auch für Nicht-Techniker verständlich gemacht werden. Das Durchkombinieren von Merkmalsausprägungen ist in der Regel ohne größeren Zeitaufwand möglich. Somit stellt sich vielfach das Gefühl ein, mit dieser Methode schneller voranzukommen, als mit dem gegebenenfalls in abgehobenen Sphären schwebenden Brainstorming.

In der Praxis werden beide Ansätze auch parallel genutzt. Vor allem unter Zeitdruck versuchen Unternehmen durch

---

[76] Vergleiche Henderson & Clark (1990, S. 10 ff).

Beauftragung mehrerer Teams – zum Beispiel eines mit kreativem, eines mit analytisch-systematischem Ansatz –, die Trefferwahrscheinlichkeit der Bemühungen zu erhöhen. Allerdings verschwimmen in der Realität immer wieder die Grenzen zwischen den einzelnen Verfahren. So nutzt man Kreativitätstechniken zur Erzeugung eines morphologischen Kastens, wenn man verschiedene Merkmalsausprägungen für einzelne Merkmalsebenen sucht und dabei nicht nur auf bekannte, sondern auch auf neue Lösungen abzielt. Das Vorgehen der Methode gliedert sich in fünf Schritte, die in Abbildung 27 im Überblick dargestellt sind.

Wie bei den meisten Verfahren, muss man zunächst das zu behandelnde Objekt abgrenzen und beschreiben. Dann sollte eine Arbeitsgruppe aus technischen und Markt- beziehungsweise Anwendungsexperten gebildet werden. Diese zerlegen das Objekt in seine Funktionen beziehungsweise Merkmale und beschreiben anschließend eine hinreichende Anzahl von Merkmalsausprägungen. Daran anknüpfend werden die Objektausprägungsalternativen durch Kombination von Ausprägungen der Merkmalsebenen erzeugt. Abschließend erfolgt eine Bewertung und Priorisierung der Objektalternativen. Im Rahmen der Bewertung beleuchtet man technische, marktbezogene und organisatorische Aspekte. Das heißt, man prüft beispielsweise, ob eine bestimmte Variante kurzfristig produzierbar ist, ob weitere Entwicklungen auf Komponenten oder Systemebene erforderlich sind oder ob ausreichend Kompetenzen oder Kooperationspartner zur Realisierung der Entwicklungen zur Verfügung stehen.

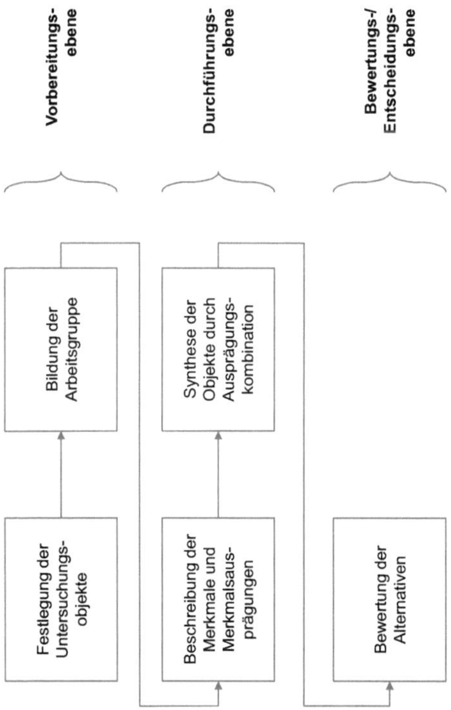


Abbildung 27: Vorgehensweise zur Erstellung eines morphologischen Kastens

**Weiterführende Hinweise**

Der morphologische Kasten kann seine Unterstützungswirkung beim Finden einer Problemlösung, beispielsweise eines Vorschlags für ein neues Produkt, nur dann ausreichend entfalten, wenn

- alle relevanten Merkmalsebenen, Dimensionen und Funktionen des Objektes ausgewiesen werden,
- eine mit Blick auf aktuelle oder zukünftige Lösungen adäquate, vollständige und umfassende Darstellung potenzieller Merkmalsausprägungen gelingt,
- eine große Zahl von Merkmalsausprägungen kombiniert wird und diese Merkmalskombinationen als Objektalternativen zur Wahl stehen.

Ähnlich wie bei den Kreativitätstechniken werden vor allem dann gute Ergebnisse erzielt, wenn der morphologische Kasten in interdisziplinären Arbeitsgruppen eingesetzt und entwickelt wird.

## 5.3 Synektik

- *Problemstellung:* Erarbeitung unkonventioneller Lösungen und Ausbrechen aus bislang genutztem Lösungsraum
- *Zielgruppe:* Technologieentwickler, Innovationsmanager, F&E-Projektleiter, Produkt- und Prozessmanager
- *Voraussetzungen:* Vertrautheit mit Kreativitätstechniken, erfahrener Moderator und hinreichende Ressourcenausstattung

## Zielsetzung der Synektik

Die Synektik soll die Ideenfindung – beispielsweise bei der Technologieentwicklung und Produktplanung, aber auch bei Prozessinnovationen – unterstützen. Oftmals gelingt es Mitarbeitern in Innovationsprojekten nicht, *radikale Neuerungen* hervorzubringen, da sie sich zu stark im traditionellen beziehungsweise gewohnten Lösungsraum bewegen. Sie sind gewissermaßen Gefangene ihrer fachlichen Prägung und ihrer Erfahrungen. Daher erzeugen sie Lösungen für gestellte Herausforderungen, die häufig nicht optimal sind. An diesem Punkt setzt die Synektik als anspruchsvolle Kreativitätstechnik an. Mittels Synektik sollen der Lösungsraum erweitert und Neuerungen gefunden werden, die man im Vorfeld nicht erkennt beziehungsweise nicht erkennen kann.

## Beschreibung der Synektik

Der Grundansatz der Synektik[77] liegt im Verständnis kreativer Prozesse begründet: Vielen Menschen ist die Situation vertraut, dass in Phasen angestrengter Überlegung – gegebenenfalls auch in Arbeitsgruppen – keine überzeugenden oder neuartigen Ideen zustande kommen, während einige Zeit später – bei der Gartenarbeit, beim Joggen oder Tennisspielen – geniale Ideen oder adäquate Lösungsmöglichkeiten entstehen. Diese Erfahrungen decken sich mit den Ergebnissen umfangreicher Analysen.[78] Es scheint ein typisches Kennzeichen für Kreativabläufe zu sein, dass zunächst eine intensive Auseinandersetzung mit der Herausforderung erfolgt, anschließend eine Entfernung vom Problem stattfindet – durch andere Tätig-

[77] Vergleiche Gordon (1961).

[78] Vergleiche Vahs & Brem (2013, S. 272).

keiten oder Ortswechsel – und schließlich unwillkürlich eine Lösungsidee aufkommt.[79]

Dieses kognitive Grundmuster greift die Synektik auf und will den ansonsten eher zufälligen Vorgang methodisch herbeiführen. Bekanntes soll verfremdet und Fremdes soll vertraut gemacht werden. Die Verfremdung – durchaus mehrstufig angelegt – soll das gedankliche Verlassen des angestammten Lösungsraumes ermöglichen und somit die beschriebene Entfernung vom zu bearbeitenden Problem unterstützen. Die aus dem erweiterten Lösungsfeld stammende Idee überträgt man schließlich auf das Ursprungsproblem. Dieses Grundprinzip und die entsprechenden Prozessstufen der Synektik illustriert Abbildung 28.

Die Synektik wird üblicherweise in Gruppen durchgeführt, deren Mitglieder man im Vorfeld mit der Methode vertraut machen sollte, indem man ihnen Übungsmöglichkeiten für die Anwendung der Methode bietet. Die Gruppenmitglieder werden in der Regel aus unterschiedlichen Fachbereichen rekrutiert, teilweise kommen externe Experten hinzu. Ein geschulter Moderator setzt den wichtigen Verfremdungs- und Analogiebildungsprozess gezielt in Gang.

---

[79] Vergleiche Corsten, Gössinger & Schneider (2006, S. 111).

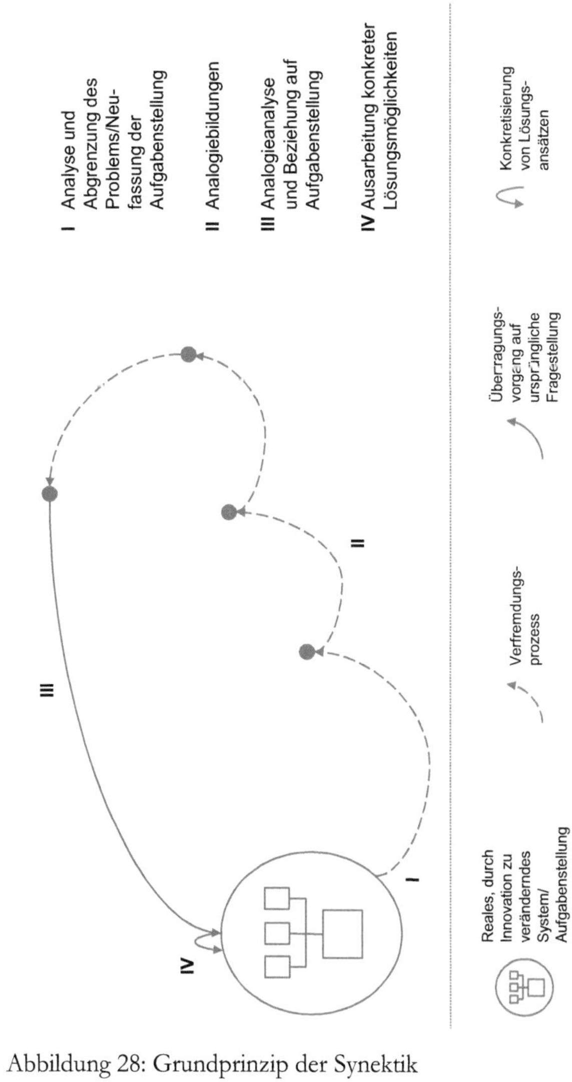


Abbildung 28: Grundprinzip der Synektik

### Anwendungsbereich und Anwendungsprozess

Die Synektik kann man in vielen Bereichen einsetzen, insbesondere dort, wo es um die Erzeugung unkonventioneller Lösungen geht. Dies ist vor allem im Technologie- und Innovations- sowie im Forschungs- und Entwicklungsmanagement gefordert. Sie wird beispielsweise bei der Suche nach neuartigen Produktfunktionen, bei der Entwicklung revolutionärer technologischer Mechanismen oder beim Design von Alternativen für bestehende Prozesse genutzt. Die Synektik eignet sich vor allem, wenn extrem andersartige Lösungen, abseits bestehender Lösungsmuster gefragt sind. Zur Initiierung kontinuierlicher Verbesserungen und inkrementeller Weiterentwicklungen von bewährten und geschätzten Lösungen ist sie weniger geeignet.

Abbildung 28 macht deutlich, dass die Bildung von Analogien im Rahmen der Synektik breiten Raum einnimmt. Die Bildung von Analogien erweist sich als erfolgskritischer Aspekt. Gelingen adäquate Analogiebildungen nicht, wird man kaum gute Ergebnisse erzielen, da erst durch Analogien die Verfremdung gesteuert werden kann. Es sind unterschiedliche Formen von Analogien denkbar. Häufig werden die in Abbildung 29 dargestellten Analogiearten benannt.[80] Bei der Form der persönlichen Analogie steht die Identifikation des einzelnen Individuums mit den Einzelheiten des Problems im Mittelpunkt. Daraus soll sich eine gefühlsmäßige Projektion ergeben. Bei der direkten Analogie steht das Finden von Gemeinsamkeiten zwischen dem Problem und anderen Erscheinungen im Fokus des Problemlösers. Die symbolische Analogie versucht, in der ästhetischen und poetischen Sphäre Vergleichsobjekte aufzuspüren. Bei der Analogie durch Phan-

---

[80] Vergleiche Geschka & Lantelme (2005, S. 292 f).

tasie wird von der Annahme ausgegangen, dass Kunstschaffende aktiv sind, um in ihren Werken eigene Bedürfnisse – hier in verfremdeter Weise – zu befriedigen.

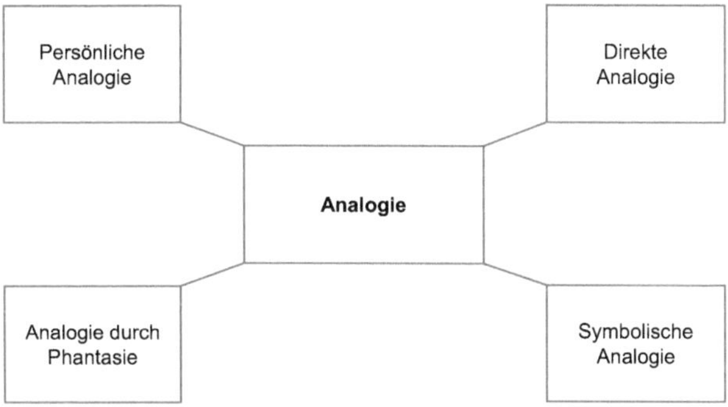


Abbildung 29: Analogiearten

In der Praxis – insbesondere im technologischen Umfeld – versucht man bei der Analogiesuche recht häufig, Phänomene in der Natur zu berücksichtigen, die als Impulsgeber für neue Lösungen dienen können. So wird ein bekanntes Objekt oder Problem zunächst in seine Funktionen zerlegt, bevor man für die einzelnen Funktionen in der Natur oder in anderen Technikbereichen nach Lösungsmöglichkeiten sucht. Die gefundenen Lösungsansätze werden dann in ihrer grundsätzlichen Wirkungsweise beschrieben und das Grundprinzip auf die zu lösende Aufgabe übertragen und so angepasst, dass das Betrachtungsobjekt schließlich über das gewünschte Merkmal verfügt. Zahlreiche Beispiele sind bekannt, die auf diesem Weg zu technischen Neuerungen und Verbesserungen geführt haben: So lässt man sich bei Schiffsrumpfgestaltungen von Fischformen oder bei schmutzunempfindlichen Gebäudefassadengestaltungen von Wüstenpflanzen und deren spezifischen Oberflächen inspirieren.

### Weiterführende Hinweise

In der Praxis sehen sich Moderatoren von Synektikgruppen häufig mit der Forderung nach schnellen Lösungen konfrontiert. Dies kann die Synektik in der Regel nicht leisten. Auch gelingt es typischerweise nicht, im Vorhinein anzudeuten, aus welchem Bereich eine potenzielle Lösung stammen könnte, um das Management in die Lage zu versetzen, etwaige Vorbereitungen bereits zu treffen. Die Methode beansprucht eine gewisse Zeit, sollte durch erfahrene Personen umgesetzt werden, bedingt die Beachtung förderlicher Regeln – zum Beispiel keine Kritik an den Ideen während der Sitzung – und ist ergebnisoffen. Die Analogiebildung nimmt eine Schlüsselrolle im gesamten Verfahren ein. Misslingt die mehrstufige Analogiebildung und das schrittweise Verlassen des ursprünglichen Lösungsraumes, werden keine innovativen Ideen erzeugt. Auf diese Grundlogik müssen Synektik-Gruppen und Synektik-Moderatoren immer wieder verweisen. Das frühzeitige Adaptieren naheliegender, vielleicht auch machbarer Lösungen, sollte nicht vorschnell erfolgen, da eine detaillierte Suche in der Regel bessere Lösungen erzeugt. Allerdings sind dafür Ressourcen – Zeit, Personal und gegebenenfalls Sachmittel – bereitzustellen, da die Analyse von Wirkungsweisen und Wirkungsmechanismen in der Natur durchaus aufwändig sein kann.

# 6 F&E-Controlling

## 6.1 Meilensteintrendanalyse

- *Problemstellung:* Frühzeitiges Erkennen von Zeitverzögerungen und rechtzeitiges Gegensteuern in F&E-Projekten
- *Zielgruppe:* F&E-Projektleiter, Projekt-Controller, F&E-Controller, Innovationsteamleiter
- *Voraussetzungen:* Detaillierte Projektplanung, projektbegleitende Arbeitsfortschrittskontrolle und Kontrolldisziplin

### Zielsetzung der Meilensteintrendanalyse

Die Meilensteintrendanalyse wird zur begleitenden Überwachung der Prozessdauer eingesetzt. Sie ermöglicht den Abgleich mit Planungsvorgaben und sensibilisiert für Konsequenzen von Verzögerungen im Prozess auf den avisierten Projektabschlusstermin. Die Methodik ermuntert durch das frühzeitige Aufdecken von Zeitabweichungen zu Eingriffen, die es erlauben, die ursprüngliche Projektzeitplanung einzuhalten. Gerade für Entwicklungsprojekte besitzt dieser Aspekt hohe Relevanz.[81] Treten doch hier aufgrund des im Vorhinein nur schwer zu spezifizierenden Arbeitsspektrums häufig Verzögerungen auf, die zu Verlängerungen der Entwicklungsphase führen. Dies ist betriebswirtschaftlich nachteilig. Durch verzögerte Markteintrittszeitpunkte von innovativen Leistungsangeboten können Umsätze und Gewinne nicht wie gewünscht realisiert werden. Die Höhe des Schadens ist

---

[81] Daher wird die Meilensteintrendanalyse mitunter auch den Methoden des F&E-Projekt-Controllings zugeordnet (vergleiche Specht & Mieke 2002, S. 55).

meist deutlich größer als etwa die Kosten, die sich aufgrund zusätzlich zur Verfügung gestellter Ressourcen zur Projektbearbeitung ergeben.[82] Die Meilensteintrendanalyse unterstützt Projektleiter und Projekt-Controller bei der frühzeitigen Intervention auf zeitliche Abweichungen und reduziert die aus Zeitverzögerungen resultierenden Schäden.

### Beschreibung der Meilensteintrendanalyse

Die Meilensteintrendanalyse ist ein Verfahren, das die Termineinhaltung von Projekten unterstützt.[83] Sie bezieht sich auf die zeitliche Dimension der Projektsteuerung. Mit Hilfe der Methode werden Zwischenergebnisse eines Projektes – so genannte Meilensteine, die definierte Ergebnisse zu vorgegebenen Zeitpunkten beschreiben – zeitlich überwacht. Die Leitfrage lautet: Wurde der Meilenstein zum geplanten Zeitpunkt erreicht oder nicht? Da große und komplexe Projekte unter Umständen über viele Zwischenstationen zu einem geplanten Endergebnis führen, will man Zeitabweichungen in Teilvorhaben zeitnah aufdecken und analysieren. Dadurch kann man vermeiden, dass sich kleine Verzögerungen fortpflanzen und kumulieren und dadurch den geplanten Fertigstellungszeitpunkt des Gesamtprojektes gefährden. Der ständige Abgleich von Soll-Zeitpunkt und Ist-Zustand des Arbeitspaketes, das zu einem bestimmten Meilenstein führen soll, ermöglicht auch ein simulationsartiges Fortschreiben und Ermitteln der Konsequenzen für das Gesamtvorhaben. Durch die integrative Sicht zeigen sich unter Umständen Möglichkeiten für Ressourcenumschichtungen zwischen verschiedenen Teilprojektteams oder andere Maßnah-

---

[82] Vergleiche Vahs & Brem (2013, S. 10 f).

[83] Vergleiche Schröder (1996, S. 494).

men, welche die Rückkehr der Projektrealisierung auf den Planungspfad unterstützen.

**Anwendungsbereich und Anwendungsprozess**

Anwendungsbereiche für die Meilensteintrendanalyse lassen sich viele aufzeigen – auch außerhalb des Technologie- und Innovationsmanagements. Die Methode kommt beispielsweise bei komplexen Planungsaufgaben wie Fabrikneuplanungen oder Organisationsentwicklungsvorhaben zum Einsatz. Innerhalb des Technologie-, Forschungs-, Entwicklungs- und Innovationsmanagements kann man die Meilensteintrendanalyse überall dort verwenden, wo in mehrstufigen Vorgängen an der Erzeugung von Endergebnissen gearbeitet wird und wo vor Projektstart eine Abgrenzung, zeitliche Strukturierung und Planung der Einzelschritte möglich ist. Dies bezieht sich sowohl auf die Felder der Ideenerzeugung und -umsetzung als auch auf die Einführung von Neuerungen in der Anwendung. Produktentwicklungs- und Markteinführungsprozesse sind klassische Anwendungsfelder der Meilensteintrendanalyse.

Der Anwendungsprozess gliedert sich in zwei Hauptphasen: Zu Beginn steht die Aufteilung des Gesamtvorhabens in Teilprozesse und die Zuweisung von Fertigstellungsterminen für die einzelnen Arbeitspakete und die Betrachtung der logischen Abhängigkeiten der Teilprozesse. Diese können sequenziell oder teilparallelisiert erfolgen. Dieser erste Schritt bildet gewissermaßen den vorbereitenden planerischen Akt des Projektmanagements. Im zweiten Abschnitt der Methodenanwendung wird während der Ausführung der Projektteilschritte wiederholt überwacht, wann diese voraussichtlich und tatsächlich fertiggestellt werden – (a) vor dem geplanten Meilensteintermin, (b) exakt zum geplanten Zeitpunkt oder (c) später beziehungsweise wie viel später als geplant.

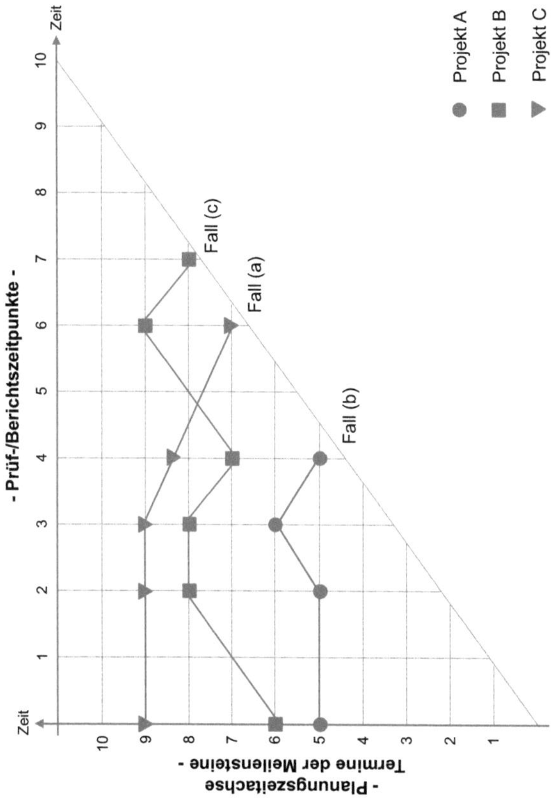


Abbildung 30: Diagramm Meilensteintrendanalyse

Diese Angaben werden wie in Abbildung 30 dargestellt für alle Teilprojekte in einer Art Koordinatenkreuz visualisiert.[84] Dieses Vorgehen erlaubt auch Personen, die nicht in den Projektplanungs- und Projektsteuerungsprozess eingebunden sind, ein schnelles Erfassen etwaiger bedrohlicher Abweichungen und animiert zum Gegensteuern. Aufgrund der einfachen Handhabung und der eingängigen Darstellung eignet sich dieses Instrument auch in hervorragender Weise zur Selbststeuerung von Entwicklerteams oder auch von Einzelakteuren. Dies ist umso bedeutender, als sich Mitarbeiter in kreativen Bereichen häufig nur schlecht und auch sehr ungern überwachen lassen. Stellt ein Unternehmen hingegen wirksame Werkzeuge zur Projektsteuerung bereit, nutzen die Entwickler diese gern, und der Eingriffsbedarf reduziert sich erheblich.[85]

### Weiterführende Hinweise

Die Einführung der Meilensteintrendanalyse verleitet gelegentlich zu der Annahme, dass aufgrund der eingängigen Systematik, des frühen Anzeigens von Abweichungen und der damit verbundenen Aufforderung des Gegensteuerns künftig keine Verzögerungen bei der Fertigstellung von Gesamtprojekten mehr auftreten werden. Dies ist in der Realität nicht der Fall. Grundvoraussetzung für die Wirkungsweise der Meilensteintrendanalyse ist – wie bei allen betriebswirtschaftlichen Methoden – die sorgfältige Planung der zu unterstützenden Vorgänge und die gewissenhafte Erfassung und Abbildung der jeweiligen Ist-Zustände. Selbst wenn dies geschieht und theoretische

---

[84] Vergleiche Kuster, Huber, Lippmann, Schmid, Schneider, Witschi & Wüst (2008, S. 315).

[85] Vergleiche Schorb (1994, S. 110).

Auswege aus den Verspätungszuständen aufgezeigt werden, kann die Methode nicht sicherstellen – hier endet ihr Aufgabenbereich –, dass adäquate Maßnahmen tatsächlich zeitnah ergriffen werden. Zum Teil werden auch äußere Umstände mögliche Reaktionen verhindern. Insofern bildet die Meilensteintrendanalyse durch ihre Erfassungs- und Darstellungsfunktion eine Art Grundvoraussetzung zur dezentralen terminbezogenen Prozesssteuerung. Sie kann den Erfolg jedoch nicht isoliert herbeiführen.

Häufig muss man Forschungs- und Entwicklungsmitarbeiter von der Notwendigkeit des Einsatzes dieser oder ähnlicher Methoden überzeugen. Insofern befinden sich Technologie- und Innovationsmanager in einem Dilemma: Erfassen sie als Führungskräfte entsprechende Daten, fühlen sich Entwickler und Projektbearbeiter häufig überwacht. Dies kann bei Projekten mit hohen kreativen Anteilen, die nicht routinemäßig abzuhandeln sind, zu einer Art Schockstarre führen. Immer wieder werden angstfreie Räume mit wenig Überwachung gefordert, um das kreative Potenzial zu stimulieren. Andererseits müssen zeitliche Vorgaben Beachtung finden. Übergeben Technologie- und Innovationsmanager die Überwachungsaufgabe mittels Meilensteintrendanalyse den Entwicklern selbst, reagieren diese gelegentlich mit Abwehrhaltung und der Begründung, dass für noch mehr administrative Tätigkeiten keine Zeit vorhanden sei und dass die zusätzliche Tätigkeit Ressourcen erfordere, die für die zügige Projektbearbeitung nötig wären. Häufig können Entwickler zur Nutzung der Methode ermuntert werden, wenn verdeutlicht wird, dass die Einhaltung der Plantermine von großer Bedeutung ist, diese in die Beurteilung der Entwicklungsleistung einfließt und die Verantwortung hierfür beim Entwicklungsteam liegt.

## 6.2 Projekt-Kosten-Leistungs-Analyse

- *Problemstellung:* Überwachung von Projektleistung, Projektkosten und Projektlaufzeit zum Ermöglichen frühzeitiger Korrekturen
- *Zielgruppe:* F&E-Projektleiter, Projekt-Controller, F&E-Controller, Innovationsteamleiter
- *Voraussetzungen:* Fundierte Projektplanung und projektbegleitende Datenerhebung

### Zielsetzung der Projekt-Kosten-Leistungs-Analyse

Zahlreiche Forschungs- und Entwicklungsprojekte beanspruchen mehr Entwicklungszeit und verursachen höhere Kosten als ursprünglich vorgesehen. Verspätet und teurer als angesetzt zum Abschluss gebrachte Entwicklungsvorhaben werden häufig zu einem wirtschaftlichen Misserfolg. Mit Blick auf solche Fälle stellt sich die Frage, ob durch gezielte Kontrolle zentraler Projektgrößen und durch geschickte Lenkung des Projektes der Erfolg herstellbar gewesen wäre. Die Projekt-Kosten-Leistungs-Analyse ist eine betriebswirtschaftliche Methode, die eine integrative Überwachung der Projektkosten und der Projektleistung während der Projektlaufzeit ermöglicht. Sie bildet ein Controlling-Instrument, welches dem Projektleiter Hinweise gibt, in welcher Weise Eingriffe erforderlich sind. Das Ziel der Methode besteht darin, Abweichungen frühzeitig erkennen und durch Korrekturen die Erreichung des geplanten Zustandes ermöglichen zu können. Der integrative Ansatz erlaubt es auch, Abweichungsursachen zu bestimmen.

### Beschreibung der Projekt-Kosten-Leistungs-Analyse

Projekte werden hinsichtlich ihrer Ziele, ihres Umfangs, des zeitlichen Ausmaßes sowie ihrer kostenseitigen Dimension geplant. Forschungs- und Entwicklungsprojekte beanspruchen in der Regel längere Zeiträume als andere Vorhaben und verursachen – je nach Branche – typischerweise hohe Kosten. Unternehmen im Allgemeinen und Forschungs- und Entwicklungsverantwortliche sowie Projektleiter im Besonderen sind vor allem daran interessiert, den Projektfortschritt im Auge zu behalten. Dabei soll sowohl der Fortschritt auf technischer Seite als auch die Entwicklung der Termin- und Kostensituation berücksichtigt werden. Die Überschreitung von Entwicklungszeiten führt gewöhnlich zu verspäteten Markteinführungen und unter Umständen zu sinkenden finanziellen Rückflüssen. Möglicherweise wird durch den verzögerten Markteintritt auch die Umsetzung einer bestimmten Strategie – zum Beispiel einer Pionierstrategie – erschwert. Eine Überschreitung der angesetzten Kosten senkt die Rentabilität des Projektes und schmälert den Spielraum, weitere Entwicklungsprojekte angehen zu können.

Für ein in Zielstellung, Umfang und Struktur definiertes Projekt werden *Plankosten* angesetzt. Diese werden nicht nur der Höhe nach bestimmt. Vielmehr definiert man, in welchen Zeiträumen welche Kosten anfallen werden. Handelt es sich etwa um einen linearen Kostenverlauf über die gesamte Projektlaufzeit oder fallen in den ersten Perioden höhere Kosten als in späteren an oder umgekehrt? Diese Plankostenkurve sollte zu Projektbeginn verfügbar sein. Die Projektstruktur wird Kontrollzeitpunkte vorsehen, zu denen dann jeweils ermittelt wird, welche Kosten bis zu diesem Zeitpunkt tatsächlich angefallen sind. Der Vergleich dieser *Ist-Kosten* mit den Plankosten gibt Aufschluss darüber, in welchem Verhältnis Plan- und Ist-Kosten zueinander stehen. Es können sich drei Fälle einstellen:

[1] Beide Kostenpositionen stimmen überein – alles scheint in Ordnung zu sein.

[2] Die Ist-Kosten übersteigen die Plankosten – dies bildet ein Warnsignal, ist hier mit einer Verteuerung des Projektes zu rechnen?

[3] Die Ist-Kosten liegen unter den Plankosten – möglicherweise konnten die bisherigen Projektschritte aufwandsärmer als ursprünglich angesetzt ausgeführt werden.

Die angedeuteten Schlussfolgerungen sind in allen drei Fällen allerdings nur Vermutungen und nicht hinreichend belastbar, da man bislang nur die *Kostenseite* und nicht die *Leistungsseite* betrachtet hat. Das heißt, dass im Fall [1] zwar zeitpunktbezogen die Kosten übereinstimmen können, dass der leistungsmäßige Ist-Projektstand aber hinter dem Plan-Projektstand zurückliegen könnte. Man hat beispielsweise in zwei Monaten – wie geplant – 500.000 Geldeinheiten Einwicklungskosten verbraucht, aber die erwarteten Entwicklungsergebnisse in Form fertig konstruierter Komponenten nicht vorgelegt. Insofern kann man das Projekt keineswegs als plankonform und in Ordnung einstufen. Auch im Fall [2] benötigt der Betrachter eine Aussage über den Leistungsstand. Ansonsten können die höheren Ist-Kosten einerseits kritisch als Ressourcenmehrverbrauch interpretiert werden oder andererseits als unkritisch gelten, wenn ein größerer Projektfortschritt als anfänglich für diesen Zeitpunkt vorgesehen erreicht wurde. Schließlich kann man die höheren Ist-Kosten auch als überkritisch verstehen, wenn mehr Ressourcen als geplant verbraucht wurden, aber kein für die Plankostenhöhe zum Kontrollzeitpunkt vorgesehener Projektfortschritt erkennbar ist.

Klarheit könnte man herstellen, indem man in einem extra Diagramm mit einer gesonderten Messgröße den Fortschritt des Projektes abbildet und in der Gesamtschau des Projektfortschrittsdiagramms und des Kostenverlaufsdiagramms einen Überblick erhält. Die Projekt-Kosten-Leistungs-Analyse geht jedoch einen anderen Weg. Diese Methode basiert nicht auf der Erstellung eines zweiten Diagramms, sondern integriert die Leistungssicht in das Kostenverlaufsdiagramm. Auf diese Weise kann man die Gesamtsituation quasi auf einen Blick erfassen. Wie kann nun aber die Leistungssicht in ein Kostendiagramm eingetragen werden? Hierzu wird der Begriff der *Sollkosten* eingeführt. Sollkosten weisen die Plankosten für die erreichte Ist-Leistung zum Kontrollzeitpunkt aus.[86]

Abbildung 31 zeigt die drei Kostengrößen *Planprojektkosten*, *Ist-Projektkosten* und *Soll-Projektkosten*. Die Plankostenkurve markiert den vorgesehenen Kostenverlauf bis zum Projektende. Ist-und Soll-Kosten können immer nur bis zum Kontrollzeitpunkt ermittelt werden. Im vorliegenden Beispiel ist zu sehen, dass die Ist-Kosten zum Kontrollzeitpunkt höher liegen als die Plankosten. Es wird durch die Soll-Kosten abgebildet, ob der für diesen Zeitpunkt $T_K$ vorgesehene Leistungsstand erreicht wurde. Im hier dargestellten Fall wurde der für diesen Zeitpunkt avisierte Leistungsstand noch nicht erreicht, sondern erst der Leistungsstand des Zeitpunktes $T_{K-2}$. Das heißt, das Projekt hätte gemessen am technischen Projektstand erst die Kostenhöhe der Plankosten aus dem Zeitpunkt $T_{K-2}$ erreichen dürfen. Für den Betrachter werden insbesondere drei Sachverhalte deutlich sichtbar:

---

86 Vergleiche Friedl (2013, S. 67).

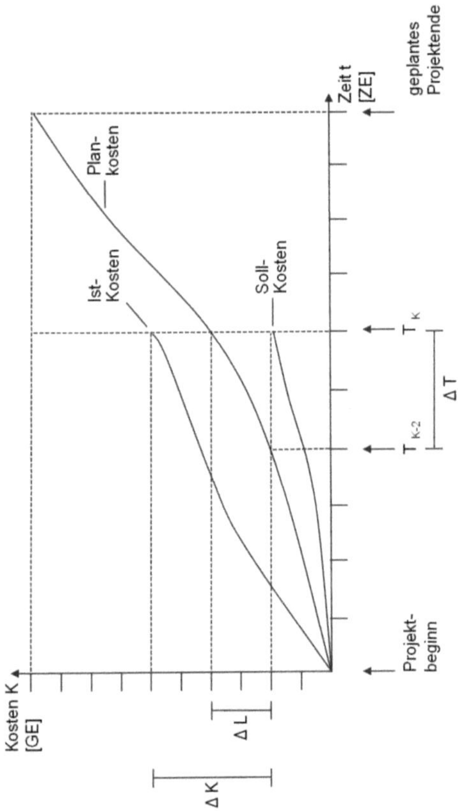


Abbildung 31: Beispielhafte Kostenverlaufskurven und Abweichungen einer integrierten Projekt-Kosten-Leistungs-Analyse[87]

[87] Modifiziert nach Bea, Scheurer & Hesselmann (2011, S. 303).

- Es besteht eine Leistungsabweichung ΔL. Das Projekt hat noch nicht den gewünschten technischen Stand erreicht.
- Es gibt eine Terminabweichung in Höhe von ΔT. Das Projekt ist um TK-x Zeiteinheiten verzögert.
- Es existiert zum Kontrollzeitpunkt eine Kostenabweichung zwischen real entstandenen und vorgesehenen Kosten für den erreichten Leistungsstand von ΔK. Das Projekt ist tendenziell unwirtschaftlich.

Die Leistungsabweichung wird durch die Differenz aus Soll-Projektkosten und Planprojektkosten – beide zum Kontrollzeitpunkt – greifbar. Die Kostenabweichung – gelegentlich auch als Verbrauchsabweichung bezeichnet – manifestiert sich in der Differenz aus Ist-Projektkosten und Soll-Projektkosten.

**Anwendungsbereich und Anwendungsprozess**

Die Projekt-Kosten-Leistungs-Analyse kann man in unterschiedlichen Bereichen durchführen. Gerade für langfristige und kostenintensive Projekte kann die Methode zu einer wirksamen Kontroll- und Steuerungshilfe werden. Die Errichtung neuer Fertigungsstätten, die Umplanung von Werkhallen oder die Entwicklung neuer Produkte und Verfahren bilden potenzielle Einsatzfelder. Das Vorgehen der Projekt-Kosten-Leistungs-Analyse gliedert sich in fünf Schritte:[88]

- Ermittlung und Abbildung der Plankosten,
- Erhebung und Darstellung der Ist-Kosten,
- Erfassung und Abbildung der Soll-Kosten,
- Bewertung der Ergebnisse,
- Abschätzung der weiteren Entwicklung.

---

[88] Vergleiche Bea, Scheurer & Hesselmann (2011, S. 303 ff).

Die Plankostenkurve bildet die Orientierungslinie für die anderen Kostenkurven. Sie wird in ihrem Verlauf vor Projektbeginn festgelegt. Dies sollte keine willkürliche Festlegung sein. Vielmehr können vergleichbare, bereits abgeschlossene Projekte, die Erhebung von Eigen- und Fremdleistungskosten und -anteilen sowie der Einsatz von Schätzverfahren helfen, eine realitätsnahe Plankostenkurve zu bestimmen.[89] Eine Veränderung der Plankostenkurve während des Projektverlaufes ist im Normalfall nicht vorgesehen. Einzig die Erneuerung von Projektzielen und die Umgestaltung des Projektzuschnitts können einen derartigen Schritt erforderlich werden lassen.

Die Erhebung der Ist-Kosten setzt voraus, dass alle Kosten erfasst wurden, die im Zusammenhang mit der Bearbeitung des Projektes stehen. In Forschungs- und Entwicklungsprojekten werden dies regelmäßig auch hohe Personalkosten sein. Arbeiten Entwickler an unterschiedlichen Projekten, müssen die Aufwände den Projekten separat zurechenbar sein. Zeitaufschreibungs- und -erfassungsansätze[90], die allerdings in F&E-Abteilungen regelmäßig auf Widerstände stoßen, unterstützen diese Zuschlüsselung. Ist keine kontinuierliche, das Projekt begleitende Ist-Kostenerfassung vorgesehen, wird der Schritt der Ist-Kostenabbildung sehr aufwändig sowie fehler- und manipulationsanfällig.

Die Erfassung der Soll-Kosten erfordert eine inhaltlich-technische Bewertung des Projektfortschrittes, in deren Mittelpunkt vor allem die Beurteilung des erreichten Sachstandes steht. Hier dürfte in der Regel die Einschätzung eines Technikers hilfreich sein. Durch die Feststellung des

---

[89] Vergleiche Specht & Mieke (2002, S. 55).

[90] Vergleiche beispielhaft Hauschildt & Salomo (2011, S. 313).

technischen Sachstandes wird mit Blick auf die Projektplanung sichtbar, zu welchem Zeitpunkt mit welchen Kosten dieser Stand hätte erreicht werden sollen. Die geplanten Kosten für die erreichte Ist-Leistung zum Kontrollzeitpunkt werden angegeben. Es folgt die Eintragung in das Kostenverlaufsdiagramm.

Sind Plan-, Ist- und Soll-Kosten erhoben und abgebildet, nimmt man eine Beurteilung vor. Man prüft, ob die verschiedenen Kostenverlaufskurven voneinander abweichen und in welchem Umfang Leistungs-, Termin- und Kostenabweichungen bestehen. Auch hier ist das quantitative Ausweisen der Abweichungshöhe erforderlich. In dieser Phase sollte man Ursachen für etwaige Abweichungen identifizieren: Waren etwa die Plankosten zu niedrig angesetzt, weil keine Vergleichswerte vorlagen? Konnte das Team nicht planmäßig mit dem Projekt starten? Gibt es Probleme in der Zusammenarbeit – beispielsweise in interkulturellen oder interdisziplinären Teams? Wurden immer weitere Anforderungen an Projektergebnis und -qualität formuliert, die anfangs nicht bestanden haben?

Die Kenntnis der Ursachen und der Abweichungshöhen erlaubt Prognosen zum weiteren Projektverlauf. Am Beispiel der Kostenprognose wird dies deutlich. Geht man davon aus, dass keine Gegenmaßnahmen eingeleitet würden und die Abweichungsursache auch für kommende Projektphasen relevant ist und in gleichem Maße wirksam werden dürfte, dann ergäbe sich ein neuer Wert für die Gesamtkosten des Projektes:

$$K_{gesamt,geschätzt} = K_{PLAN,gesamt} * \frac{K_{IST,T_K}}{K_{SOLL,T_K}}$$

Nach diesen fünf analysedominierten Schritten wird man im Bedarfsfall einen Maßnahmenkatalog entwickeln. Die einzelnen Aktivitäten zielen darauf ab, ungewünschte Abweichungen auszugleichen, um den Fort- und Ausgang des Projektes erfolgreich zu gestalten.

### Weiterführende Hinweise

Die Projekt-Kosten-Leistungs-Analyse bietet die Möglichkeit, projektbegleitend Abweichungen zu erkennen und das Projekt durch zielgerichtete Eingriffe auf die Erfolgsspur zurückzuführen. Allerdings wird die Methode keine Hilfe sein, wenn Plankosten schlecht geschätzt wurden, die Erhebung der Ist-Kosten nicht präzise erfolgt und Projektpläne keine technischen Projektfortschritte und Zeitpunkte ausweisen. Auch die nachträgliche Korrektur der Plankosten – der man in der betrieblichen Praxis immer wieder begegnet – schafft für die reale Situation keine Abhilfe. Fehlt es an Kreativität und Durchsetzungskraft beim Einbringen von Korrekturmaßnahmen, dann entfaltet die Methode keinen praktischen Nutzen, denn die Kenntnis einer misslichen Lage allein genügt nicht, um etwas zu verbessern.

# Literaturverzeichnis


Ansoff, H.I. (1976). Die Bewältigung von Überraschungen. Strategische Reaktionen auf schwache Signale. Zeitschrift für betriebswirtschaftliche Forschung, 28 (2), 129–152.

Ansoff, H.I. (1988). The new corporate strategy. New York: Wiley.

Bea, F.X., Scheurer, S. & Hesselmann, S. (2011). Projektmanagement (2. Aufl.). Stuttgart: UTB.

Behrens, S. (2003). Möglichkeiten der Unterstützung von Strategischer Geschäftsfeldplanung und Technologieplanung durch Roadmapping. Berlin: Logos.

Billing, F. (2003). Koordination in radikalen Innovationsvorhaben. Wiesbaden: DUV.

Bonnett, T.W. & Olson, R.L. (1998). How Scenarios Enrich Public Policy Decisions. In L. Fahey & R.M. Randall (Hrsg.), Learning From The Future. Competitive Foresight Scenario (S. 308–324). New York: Wiley.

Brockhoff, K. (1994). Forschung und Entwicklung. Planung und Kontrolle (4. Aufl.). München: Oldenbourg.

Brockhoff, K. (1996). Forschung und Entwicklung. In W. Eversheim & G. Schuh (Hrsg.), Akademischer Verein Hütte: Produktion und Management (7. Aufl., S. 1–13). Berlin: Springer.

Bucher, P., Mitterdorfer, D. & Tschirky, H. (2002). Der Weg zur richtigen Technologie. Roadmapping als modernes Instrument der strategischen Technologieplanung. New Management. Die europäische Zeitschrift für Unternehmenswissenschaften und Führungspraxis, 71 (6), 26–34.

Burr, W. (2004). Innovationen in Organisationen. Stuttgart: Kohlhammer.

Corsten, H., Gössinger, R. & Schneider, H. (2006). Grundlagen des Innovationsmanagements. München: Vahlen.

Druwe, U. (1992). Osteuropa im Wandel. Szenarien einer ungewissen Zukunft. Weinheim: Beltz.

Ernst, H. (1998). Patentportfolios for Strategic R&D Planning. Journal of Engineering and Technology Management, 15 (4), 279–308.

Ernst, H. (2002). Patentmanagement. In D. Specht & M.G. Möhrle (Hrsg.), Gabler Lexikon Technologiemanagement. Management von Innovationen und neuen Technologien im Unternehmen (S. 214-218). Wiesbaden: Gabler.

Ernst, H., Leptien, C. & Vitt, J. (1999). Schlüsselerfinder in F&E. Implikationen für das F&E-Personalmanagement. Zeitschrift für Betriebswirtschaft, Ergänzungsheft 1/1999, 91–118.

Faix, A. (1998). Patente im strategischen Marketing. Sicherung der Wettbewerbsfähigkeit durch systematische Patentanalyse und Patentnutzung. Berlin: Schmidt.

Ford, D. & Ryan, C. (1981). Taking Technology to Market. Harvard Business Review, 59 (2), 117–126.

Foster, R.N. (1986). Innovation. Wiesbaden: Gabler.

Friedl, B. (2013). Controlling (2. Aufl.). Konstanz: UVK.

Gausemeier, J., Fink, A. & Schlake, O. (1996). Szenario-Management. Planen und Führen mit Szenarien (2. Aufl.). München: Hanser.

Gerpott, T.J. (1999). Strategisches Technologie- und Innovationsmanagement. Eine konzentrierte Einführung. Stuttgart: Schäffer-Poeschel.

Gerpott, T.J. (2005). Strategisches Technologie- und Innovationsmanagement (2. Aufl.). Stuttgart: Schäffer-Poeschel.

Geschka, H. & Hahnenwald, H. (2009). Szenariobasierte Technologie-Roadmaps. Eine Methodik zur Beschreibung technologischer Entwicklungsmöglichkeiten. In C. Mieke & S. Behrens (Hrsg.), Entwicklungen in Produktionswissenschaft und Technologieforschung. Festschrift für Professor Dieter Specht (S. 679–704). Berlin: Logos.

Geschka, H. & Hammer, R. (1990). Die Szenario-Technik in der strategischen Unternehmens-planung. In D. Hahn & B. Taylor (Hrsg.), Strategische Unternehmungsplanung – Strategische Unternehmungsführung. Stand und Entwicklungstendenzen (5. Aufl., S. 311–336). Heidelberg: Physica.

Geschka, H. & Lantelme, G. (2005). Kreativitätstechniken. In S. Albers & O. Gassmann (Hrsg.), Handbuch Technologie- und Innovationsmanagement. Strategie, Umsetzung, Controlling (S. 285–304). Wiesbaden: Gabler.

Geschka, H. (1995). Methoden der Technologiefrühaufklärung und der Technologievorhersage. In E. Zahn (Hrsg.), Handbuch Technologiemanagement (S. 623–644). Stuttgart: Schäffer-Poeschel.

Geschka, H. (2002). Szenariotechnik. In D. Specht & M.G. Möhrle (Hrsg.), Gabler Lexikon Technologiemanagement. Management von Innovationen und neuen Technologien im Unternehmen (S. 318–321). Wiesbaden: Gabler.

Gordon, W.J.J. (1961). Synectics. The Development of Creative Capacity. New York: Harper & Row.

Hahn, D. (1990). Zweck und Entwicklung der Portfolio-Konzepte in der strategischen Unternehmungsplanung. In D. Hahn & B. Taylor (Hrsg.), Strategische Unternehmungsplanung – Strategische Unternehmungsführung. Stand und Entwicklungstendenzen (5. Aufl., S. 221–253). Heidelberg: Physica.

Hauschildt, J. & Salomo, S. (2011). Innovationsmanagement (5. Aufl.). München: Vahlen.

Henderson, R.M. & Clark, K.B. (1990). Architectural Innovation. The Reconfiguration of Existing Product Technologies and the Failure of Established Firms. Administrative Science Quarterly, 35 (1), 9–30.

Höft, U. (1992). Lebenszykluskonzepte. Berlin: Schmidt.

Hsuan, J. & Vepsäläinen, A.P.J. (1999). Strategisches Portfolio-Management von F&E-Projekten. In M.G. Möhrle (Hrsg.), Der richtige Projekt-Mix. Erfolgsorientiertes Innovations- und F&E-Management (S. 53–99). Berlin: Springer.

Krubasik, E.G. (1982). Technologie. Strategische Waffe. WirtschaftsWoche, 36 (25), 28–33.

Krystek, U. & Müller-Stewens, G. (1993). Frühaufklärung für Unternehmen. Identifikation und Handhabung zukünftiger Chancen und Bedrohungen. Stuttgart: Schäffer-Poeschel.

Kuster, J., Huber, E., Lippmann, R., Schmid, A., Schneider, E., Witschi, U. & Wüst, R. (2008). Handbuch Projektmanagement (2. Aufl.). Berlin: Springer.

Lauglaug, A.S. (1993). Technical-Market Research. Get Customers to Collaborate in Developing Products. Long Range Planning, 26 (2), 78–82.

Majaro, S. (1993). Erfolgsfaktor Kreativität. Ertragssteigerung durch Ideen-Management. London: McGraw-Hill.

Melzer-Ridinger, R. (2007). Supply Chain Management. Prozess- und unternehmensübergreifendes Management von Qualität, Kosten und Liefertreue. München: Oldenbourg.

Michel, K. (1990). Technologie im strategischen Management (2. Aufl.). Berlin: Schmidt.

Mieke, C. & Nagel, M. (2010). Auswirkungen von Umfeldveränderungen auf die Innovationsfähigkeit von Unternehmen. Empirisch fundierte Empfehlungen zur Sicherung der Innovationskraft. Wissenschaftsmanagement – Zeitschrift für Innovation, 16 (5), 24–28.

Mieke, C. (2006). Technologiefrühaufklärung in Netzwerken. Wiesbaden: Gabler.

Mieke, C. (2009). Innovationen aus Instandhaltungsbereichen. Ein Beitrag zur taktischen Produktionspotenzialgestaltung. Berlin: Logos.

Mieke, C. (2012a). Strategische Planung von Prozessvarianten mittels Prozess-Roadmapping. Industrie Management. Zeitschrift für industrielle Geschäftsprozesse, (4), 47–50.

Mieke, C. (2012b). Innovationsplanung mit portfoliogestützten Technologie-Roadmaps. Wissensmanagement, (4), 14–16.

Mieke, C. (2012c). Portfoliogestütztes Roadmapping in der Technologievorausschau. In S. Jeschke, E. Hauck, F. Hees, M. Tilebein, T. Fischer & M. Schwaninger (Hrsg.), Interdisziplinarität und Komplexität (S. 37–44). Berlin: Duncker & Humblot.

Mieke, C. (2013). Methodik innovationsorientierter strategischer Prozessplanung. Szenarienfundierte Portfolios und ihre Kopplung an die technologieorientierte Innovationsplanung und das Prozessmanagement. In C. Mieke (Hrsg.), Prozessinnovation und Prozessmanagement. Zwei Managementfelder zur Stärkung der Prozessleistung in Unternehmen (S. 65–74). Berlin: Logos.

Mieke, C., Nagel, M. & Schminder, C. (2011). Einfluss externer Trends auf die Innovationsstärke von Unternehmen. In C. Mieke & S. Behrens (Hrsg.), Umfeldorientiertes Wertschöpfungsmanagement (S. 125–136). Berlin: Logos.

Möhrle, M.G. (1988). Das FuE-Programmportfolio. Ein Instrument für das Management betrieblicher Forschung und Entwicklung. technologie & management, (4), 12–19.

Möhrle, M.G. (1999). Szenariobasierte Zusammenstellung von Innovationsprogrammen. In M.G. Möhrle (Hrsg.), Der richtige Projekt-Mix. Erfolgsorientiertes Innovations- und F&E-Management (S. 73–99). Berlin: Springer.

Möhrle, M.G. (2002). TRIZ-basiertes Technologie-Roadmapping. In M.G. Möhrle & R. Isenmann (Hrsg.),

Technologie-Roadmapping. Zukunftsstrategien für Technologieunternehmen (S. 129–147). Berlin: Springer.

Nagel, M. & Mieke, C. (2014a). BWL-Methoden. Handbuch für Studium und Praxis. Stuttgart: UTB.

Nagel, M. & Mieke, C. (2014b). Marketing- und Vertriebsmethoden. Konstanz: UVK.

Nagel, M. & Mieke, C. (2015). Strategiemethoden. Konstanz: UVK.

Osborn, A.F. (1963). Applied Imagination. Principles and Procedures of Creative Problem-Solving (3. Aufl.). New York: Scribner.

Pfeiffer, W. & Dögl, R. (1990). Das Technologie-Portfolio-Konzept zur Beherrschung der Schnittstelle Technik und Unternehmensstrategie. In D. Hahn & B. Taylor (Hrsg.), Strategische Unternehmungsplanung – Strategische Unternehmungsführung. Stand und Entwicklungstendenzen (5. Aufl., S. 254–282). Heidelberg: Physica.

Pfeiffer, W. & Weiß, E. (1995). Methoden zur Analyse und Bewertung technologischer Alternativen. In E. Zahn (Hrsg.), Handbuch Technologiemanagement (S. 663–679). Stuttgart: Schäffer-Poeschel.

Pleschak, F. & Sabisch, H. (1996). Innovationsmanagement. Stuttgart: Schäffer-Poeschel.

Reibnitz, U. v. (1997). Komplexitätsmanagement in Zukunftsforschung und Zukunftsplanung. In H.W. Ahlemeyer & R. Königswieser (Hrsg.), Komplexität managen. Strategien, Konzepte und Fallbeispiele (S. 401–411). Frankfurt am Main: FAZ.

Rohrbach, B. (1971). Techniken des Lösens von Innovationsproblemen. In H. Jacob (Hrsg.), Rationeller Einsatz der Marketinginstrumente (S. 73–88). Wiesbaden: Gabler.

Schlicksupp, H. (1992). Innovation, Kreativität und Ideenfindung (4. Aufl.). Würzburg: Vogel.

Schorb, M. (1994). Verhaltensorientiertes FuE-Controlling. Ein ganzheitliches Konzept für ein mittleres Industrieunternehmen. München: Vahlen.

Schröder, H.H. (1996). Konzepte und Instrumente eines Innovations-Controllings. Die Betriebswirtschaft, 56 (4), 489–507.

Specht, D. & Behrens, S. (2008). Strategische Planung mit Roadmaps. Möglichkeiten für das Innovationsmanagement und die Personalbedarfsplanung. In M.G. Möhrle & R. Isenmann (Hrsg.), Technologie-Roadmapping. Zukunftsstrategien für Technologieunternehmen (3. Aufl., S. 145–164). Berlin: Springer.

Specht, D. & Mieke, C. (2002). F&E-Controlling. In D. Specht & M.G. Möhrle (Hrsg.), Gabler Lexikon Technologiemanagement. Management von Innovationen und neuen Technologien im Unternehmen (S. 53–56). Wiesbaden: Gabler.

Specht, D. & Mieke, C. (2004a). Weitsicht durch Analyse. Das Technologie-Roadmapping profitiert von der Patentanalyse als Informationsquelle. Wissenschaftsmanagement – Zeitschrift für Innovation, (3), 21–25.

Specht, D. & Mieke, C. (2004b). Kompetenz-Roadmapping. Kompetenzen in Technologie-netzwerken strategisch planen. Wissensmanagement, (2), 19-21.

Specht, D. & Mieke, C. (2005a). Die Wertanalyse. WISU. Das Wirtschaftsstudium, (2), 182–185.

Specht, D. & Mieke, C. (2005b). Innovationstreiber Wissensmanagement. Ein Ansatz für das Total-Productive-Maintenance. Wissensmanagement, (5), 30–32.

Specht, D. & Mieke, C. (2006). Verbreitung des Technologiemanagements in der industriellen Praxis. Ergebnisse einer empirischen Untersuchung. Zeitschrift für wirtschaftlichen Fabrikbetrieb, (5), 273–276.

Specht, D. & Möhrle, M.G. (Hrsg.). (2002). Gabler Lexikon Technologiemanagement. Management von Innovationen und neuen Technologien im Unternehmen. Wiesbaden: Gabler.

Specht, D., Behrens, S. & Kahmann, J. (2000). Roadmapping. Ein Instrument des Technologiemanagements und der Strategischen Planung. Industrie Management. Zeitschrift für industrielle Geschäftsprozesse, (5), 42–46.

Specht, G., Beckmann, C. & Amelingmeyer, J. (2002). F&E-Management – Kompetenz im Innovationsmanagement (2. Aufl.). Stuttgart: Schäffer-Poeschel.

Staehle, W.H. (1994). Management. Eine verhaltenswissenschaftliche Perspektive (7. Aufl.). München: Vahlen.

Suhr, C. (2000). Patentliteratur und ihre Nutzung. Der Leitfaden zu den Quellen technischer Kreativität. Renningen: Expert.

Thom, N. (1980). Grundlagen des betrieblichen Innovationsmanagements (2. Aufl.). Königstein: Hanstein.

Tschirky, H. (1998). Konzept und Aufbau des integrierten Technologie-Managements. In H. Tschirky & S. Koruna (Hrsg.), Technologie-Management. Idee und Praxis (S. 193–394). Zürich: VIO.

Vahs, D. & Brem, A. (2013). Innovationsmanagement. Von der Idee zur erfolgreichen Vermarktung (4. Aufl.). Stuttgart: Schäffer-Poeschel.

Vinkemeier, R. (1999). Roadmapping als Instrument für strategisches Innovationsmanagement. technologie & management, (3), 18–22.

Vitt, J. (1998). Schlüsselerfinder in der industriellen Forschung und Entwicklung. Strategien für das Akquisitionsmanagement in Unternehmen. Wiesbaden: Gabler.

Walter, L. & Möhrle, M.G. (2009). Gestaltungsoptionen bei Geschäftsprozess-Patenten. In M.G. Möhrle & L. Walter (Hrsg.), Patentierung von Geschäftsprozessen. Monitoring – Strategien – Schutz (S. 41–74). Berlin: Springer.

Wissema, J. (1982). Trends in Technology Forecasting. R&D-Management, (1), 27–36.

Wolfrum, B. (1994). Strategisches Technologiemanagement (2. Aufl.). Wiesbaden: Gabler.

Wucherer, K. (2004). Innovationen im Technologieunternehmen. Das Beispiel Siemens AG. Wissenschaftsmanagement. Zeitschrift für Innovation, (3), 26–29.

Wurzer, A.J. (2003). Wettbewerbsvorteile durch Patentinformationen (2. Aufl.). Karlsruhe: Fachinformationszentrum.

Zahn, E. (1995). Gegenstand und Zweck des Technologiemanagements. In E. Zahn (Hrsg.), Handbuch Technologiemanagement (S. 3–32). Stuttgart: Schäffer-Poeschel.

Zwicky, F. (1966). Entdecken, Erfinden, Forschen im Morphologischen Weltbild. München: Droemer.

# Stichwortverzeichnis